수학의 발견

생각이 터지는 수학 교과서

중2 상

사교육걱정없는세상
수학사교육포럼 외 17인 지음

창비교육
Changbi Edu

수학 학습원리

이 책에서 여러분은 수학적 사고로 넘을 수 있는 다양한 과제를 만납니다. 새로운 과제를 만나면 이미 알고 있는 수학 지식과 수학적 사고력을 적절히 동원하여 그 해결 방법을 찾습니다. 모둠 친구들과 더불어 각각의 과제를 탐구해 가는 과정에서 개념의 연결고리를 발견할 것입니다. 이때 다섯 가지 '수학 학습원리'를 기억해 두면 도움이 됩니다.

수학 학습원리

끈기 있는 태도와 자신감 기르기	• 과제에 포함된 주어진 자료, 사실, 조건에 대해 주의를 기울인다. • 문제를 적극적으로 해결했던 경험을 떠올리며, 또 다른 효율적인 방법이 없는지 계속 궁리한다. • 스스로 과제를 해결해 가는 과정에서 자신감을 기른다.
관찰하는 습관을 통해 규칙성 찾아 표현하기	• 과제에 포함된 몇 가지 사실을 조사하여 규칙을 발견한다. • 규칙을 발견한 뒤 이를 이용하여 결과를 예측해 본다. • 비슷한 문제 상황에 적용할 수 있는지 판단해 보고 일반적인 규칙으로 표현한다.
수학적 추론을 통해 자신의 생각 설명하기	• 자신이 추론한 여러 가지 가설과 사례가 왜 맞는지 설명해 본다. • 새로 탐구한 결과가 이미 알려진 사실에 어떻게 연결되는지 논리적으로 설명한다. • 다른 사람의 주장이 맞는지 판단해 보고 만약 맞지 않는다면 하나 이상의 반례를 찾는다.
수학적 의사소통 능력 기르기	• 표, 수식, 그림, 그래프 등을 이용하여 주어진 조건을 분석하고 설명한다. • 다른 사람에게 자신의 생각을 수학적 언어로 명확하게 설명한다. • 다른 사람의 수학적 사고를 분석하고 평가해 본다.
여러 가지 수학 개념 연결하기	• 수학적 아이디어 혹은 개념 사이의 연결성을 인식하고 활용한다. • 이미 알고 있는 개념에 새로운 개념을 연결하여 개념의 일관성을 키운다. • 일상생활이나 다른 교과의 사례에서 수학을 인식하고 활용해 본다.

탐구 과제에 따라 어떤 학습원리를 적용하는 게 나은지 명백할 때도 있지만 그렇지 않은 경우도 있습니다. 각각의 과제를 해결한 뒤 다음과 같이 되돌아봅시다.

- 이 과제를 해결하면서 무엇을 배웠나요?
- 이 과제를 학습하는 데 유용한 수학 학습원리는 무엇인가요?

수학의 발견

생각이 터지는 수학 교과서

중2 | 상

차 례

수학의 발견 중2 | 상

수학의 발견 중2 | 하

“이런 수학, 처음이야!”

실험학교에서 수업 시간에 《수학의 발견》 실험본으로 공부한 중학교 학생들과 학부모, 교사들의 실제 소감입니다.

“제가 수학 수업의 주인공이 되었어요!”

변선민 학생(경기 소명중학교)

《수학의 발견》을 보고 깜짝 놀란 것이 있어요. 공식을 암기하고 문제를 푸는 것에 익숙했는데, 이 책은 수학 공식을 저희가 직접 찾아가도록 하는 것이었어요. 이전에는 그런 과정을 겪은 적이 없었거든요. 그런데 이 책을 통해 우리만의 답을 찾을 수도 있고, 혹은 우리 학교만 알고 있는 그런 공식도 만들어 낼 수도 있을 것 같았어요. 문득 “아, 내가 수학 수업의 주인공이 될 수 있구나!” 하는 생각이 들어 수업에 더욱 흥미가 생겼어요.

“수학이 뻔하지 않아서 좋았어요.”

안준선 학생(강원 북원여자중학교)

초등학생 때부터 수학이 너무 싫었어요. 그런데 《수학의 발견》으로 수업하면서 수업이 재미있어지더라고요. 이 책은 뻔하지 않아서 좋았어요. 옛날에는 어려운 문제가 나오면 그냥 안 풀고 포기했거든요. 그런데 지금은 어려운 문제가 나와도 풀고 싶은 마음이 생기고 친구들이랑 공유하면서 푸니까 더 좋아요. 다른 교과서나 문제집은 풀이를 알려 주면서 “너희는 이거 꼭 외워!”라는 식이었거든요. 그러다 보니 기계처럼 푸는 느낌이었어요. 흥미도 안 생기고. 그런데 이 책은 생각할 수 있는 시간을 주니까 기억에 남고 재미있게 풀 수 있었어요.

“이렇게 공부하면 어려운 문제를 더 잘 풀겠더라고요!”

원예연 학생(강원 북원여자중학교)

누가 그러더라고요. “이렇게 하면 입시에 나오는 어려운 문제를 풀 수 있겠냐?”라고 말이죠. 저는 풀 수 있겠다는 생각이 들었어요. 공식을 외워서 문제에 대입해 푸는 것보다는 나을 것 같고, 우리는 이런 공식이 어떻게 나왔는지 아니깐 어려운 문제가 나와도 더 좋은 답을 얻어 낼 수 있을 것 같았어요. 그리고 또 이해를 했으니깐 문제가 어렵다고 포기하지도 않을 거고요. 《수학의 발견》으로 수업할 때 개념과 개념이 서로 연결되어 있음을 발견할 수 있었던 게 도움이 되는 것 같아요.

"같은 수학인데 아이 모습이 뭔가 달랐어요."

이진욱 학생 어머니(서울 대방중학교)

제 아이는 평소에 모르는 문제가 나오면 한두 번 고민하다 그냥 넘어갔어요. 시험 직전에서야 답이랑 풀이 과정을 눈으로 훑어보며 암기하기 바빴죠. 그런데 《수학의 발견》으로 공부할 때는 문제를 대하는 태도가 평소와 다르다는 걸 느꼈어요. 처음에는 문제를 한참 바라보고만 있어서 엄마 입장에선 딴생각을 하는 걸까, 몰라서 그러는 걸까 물어보고 싶었지만 꾹 참고 그냥 지켜 보았어요. 조금 있으니 자기 생각을 적기도 하고 고개도 갸우뚱거리면서 스스로 푸는 과정을 고민하는 모습이 너무 예쁘더라고요. 같은 수학인데 뭔가 다르다고 하는 우리 아들이 참 기특해 보였어요.

"다시는 강의식 수업으로 돌아갈 수 없겠어요."

정혜영 교사(서울 문성중학교)

저는 강의식 수업을 굉장히 좋아했어요. 아이들도 콤팩트한 수업을 잘 이해하는 줄 알았지요. 나중에 알고 보니 아이들이 이해하지 못한 채 집중하는 척했던 것이더라고요. 《수학의 발견》으로 수업한 뒤 달라졌어요. 말로만 듣던 학생 참여 중심 수업과 딱 맞아떨어졌죠. 모둠 토론에 익숙해지니 지금은 제가 설명해 주고 넘어가면 아이들이 싫어해요. 자기들이 공부할 수 있는 시간을 달라는 거죠. 자기들끼리 이야기하고 생각해서 문제를 해결하는 것을 아이들이 얼마나 소중하게 생각하고 좋아하는지 알게 되었어요. 지금 저는 "아, 이제 그 맛을 알았으니 돌아갈 수 없는 강을 건넜구나!" 그런 심정입니다. 다시는 강의식 수업으로 돌아갈 수 없겠어요.

"어차피 만들어야 할 수학 활동지가 여기 다 있네요!"

김은주 교사(강원 북원여자중학교)

《수학의 발견》 샘플 단원을 처음 만났을 때, 기존 교과서에서는 볼 수 없는 문제들, 아이들이 "어, 이거 뭐지?" 그렇게 궁금해할 형태의 문제였습니다. 저는 평소에도 그런 문제를 가지고 수업을 해 보고 싶었지만 혼자 하는 데는 한계가 많았습니다. 그래서 샘플 자료를 보면서 "와~ 이것 너무 좋다. 빨리 나왔으면 좋겠다."라고 생각했고, 실험학교 참여 제안이 와서 기쁜 마음으로 응했습니다. 어차피 수업 활동지 자료를 애써 만들어야 하는데 이미 다 있으니 얼마나 좋았던지. 일 년 동안 정말 많이 배웠습니다.

《수학의 발견》, “이렇게 사용하세요!”

책의 구성

《수학의 발견》에 있는 문제는 대부분 똑같은 정답이 아니라 나만의 답을 써야 합니다. 나만의 답을 쓰는 과정에서 수학의 개념과 원리를 발견하고 연결하는 방법을 알아 갈 것입니다. 이 책으로 공부할 때는 끈기를 가지고, 관찰하고, 추론하고, 분석해 보세요. 내가 찾은 개념과 원리를 서로 연결하고 그 속에서 수학을 발견하는 기쁨을 맛볼 수 있을 것입니다.

STEP 1 개념과 원리 탐구하기

개념과 원리 탐구하기는 문제를 탐구하면서 수학적 원리를 발견하고 터득하는 과정입니다. 처음에는 어려울 수 있지만 나의 생각을 끄집어내고 발전시키는 것부터 연습하세요. 내가 알고 있는 것, 내가 알아낸 것이 부족해 보여도 탐구하기 문제에 대한 나의 생각을 쓰고 친구들과 토론하는 과정에서 다듬어질 것입니다.

탐구하기 1

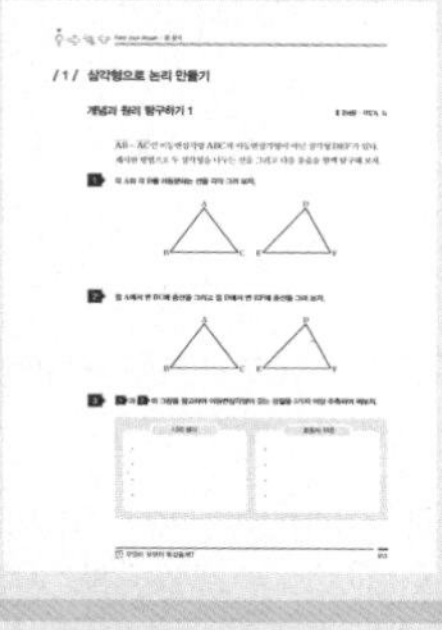

탐구하기 2

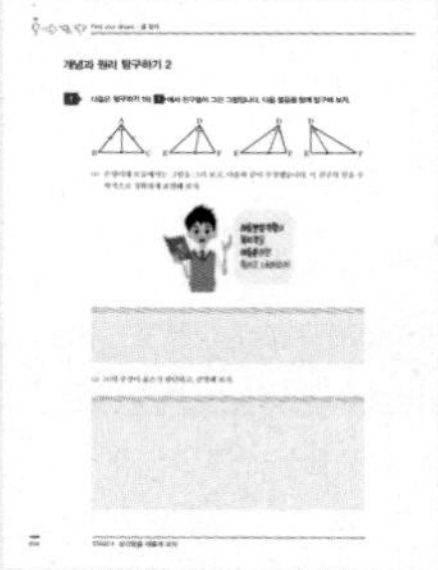

탐구하기 3

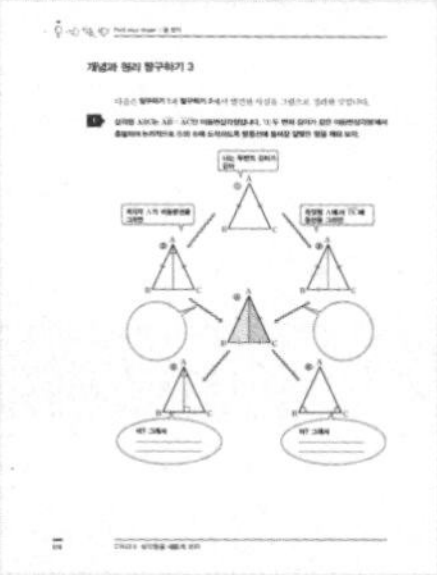

+ 탐구 되돌아보기

‘개념과 원리 탐구하기’에서 알게 된 내용을 한 번 더 확실하게 다지는 부분입니다. 친구들과 토론한 이야기, 선생님에게 들은 이야기를 내가 얼마만큼 소화했는지 혼자 정리해 볼 수 있습니다.

STEP 2 개념과 원리 연결하기

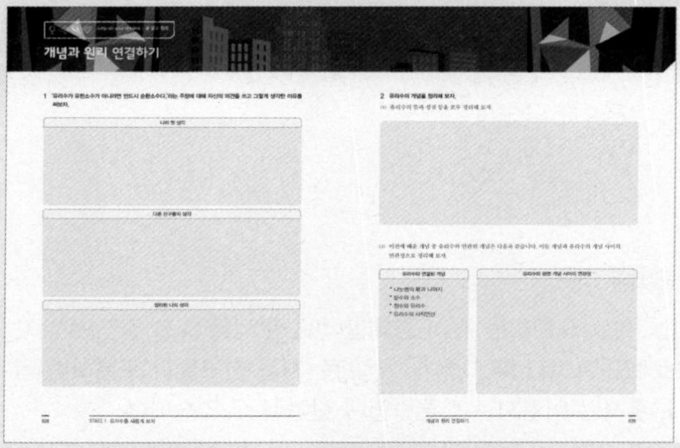

새로 배운 주요 개념을 정리하는 과정에서 내 머릿속의 수학 개념을 종합하고 확장해 가는 코너입니다. 이 과정에서는 새로 배운 개념과 예전에 배웠던 개념 중 관련 있는 것을 서로 연결하는 것이 중요합니다. 수학 개념은 신기하게도 서로 연결할 수 있답니다. 그 연결고리를 찾는 순간 배움의 짜릿함을 느낄 수 있고, 그 느낌은 다른 수학 개념이 알고 싶어지는 동기가 됩니다.

STEP 3 수학 학습원리 완성하기

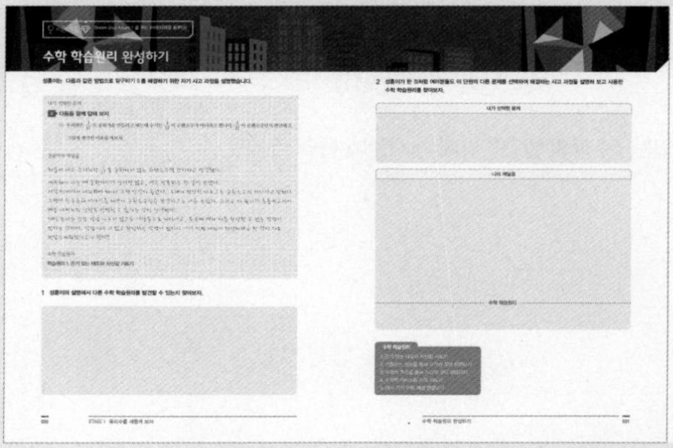

수학 학습원리 완성하기에서는 '개념과 원리 탐구하기'와 '개념과 원리 연결하기'를 공부하면서 내가 어떤 수학 학습원리를 사용했는지 돌아봅니다. 수학을 잘하기 위해서는 많은 문제를 풀어야 할 것 같지만 그 속에 사용된 원리만 파악하면 모든 문제를 쉽게 해결할 수 있습니다. 내가 어떻게 문제를 해결했는지 돌아보고 다른 친구는 어떻게 해결했는지 비교하는 과정에서 학습원리를 내 것으로 만들어 보세요.

이 책을 사용하는 학생에게

1

기존 교과서로 학습하기 전에 《수학의 발견》 먼저!

《수학의 발견》으로 수학 개념을 먼저 탐구합니다. 그런 후 기존 교과서를 참고하세요. 《수학의 발견》은 공식, 풀이 방법, 답을 바로 알려 주지 않고 생각하고 탐구할 시간을 줍니다. 그 시간을 가져야 여러분들이 '생각하는 방법'을 배울 수 있습니다.

2

함께 토론할 수 있는 친구들이 있을 때

맞았는지 틀렸는지를 떠나서 내 생각을 찾고 표현하는 것이 중요합니다. 문제를 읽고 일단 짧게라도 나만의 생각이나 주장을 만들어 보세요. 그리고 왜 그렇게 생각했는지를 친구들과 토론하며 답을 완성하고, 수학 개념을 찾아갑니다. 혼자는 어렵지만 토론하면서 찾아갈 수 있습니다.

3

혼자 《수학의 발견》으로 공부할 때

혼자 공부할 때도 먼저 내 생각을 쓴 뒤에 《수학의 발견 해설서》에 있는 〈예상 답안〉을 확인해 보세요. 《수학의 발견》에 있는 탐구 활동은 대부분 답이 하나가 아니라 여러 가지일 수 있습니다. 그래서 가능한 많은 친구들의 답을 실었습니다. 여러분이 찾은 답과 일치할 수도 있고 약간 다를 수도 있습니다. 달라도 틀렸다고 생각하지 말고, 다른 답과 비교하며 수정 · 보완해 보세요.

▶ 이 책의 문제와 관련된 질문은 네이버에 있는 **《수학의 발견》** 카페 게시판에 올려 주세요.

이 책을 사용하는 선생님에게

1 2015 개정 교육과정에 맞춘 《수학의 발견》

《수학의 발견》은 2015 개정 교육과정이 요구하는 수학 교과 지식 체계 편성에 맞추어 구성하였습니다. 따라서 이 책으로만 수업해도 전혀 문제가 안 됩니다. 물론 학교에서 쓰는 수학 교과서와 함께 쓸 수도 있습니다. 선생님의 재량을 펼칠 수 있을 때는 이 책을 주로 활용하면서 기존 교과서를 보조 자료로 쓰고, 그렇지 않다면 꼭 필요한 부분만 뽑아 대안 교재로 활용할 수도 있습니다.

2 학생 참여 중심 수업을 위한 워크북과 꽉 찬 해설서

일반적인 교과서나 문제집을 생각하면 《수학의 발견》은 불편한 구조입니다. 학생 스스로 개념과 원리, 문제를 푸는 길을 발견하고 찾아내도록 유도하는 워크북 형태로 구성했기 때문입니다. 따라서 《수학의 발견》은 모둠별 수업 등 학생 참여 중심 수업을 적극적으로 도입해야 그 효과가 커집니다. 보다 상세한 설명이 필요하다면 해설서를 활용하면 됩니다.

3 우열을 가리지 않아도 되는 모둠 토론

모둠을 구성할 때, 수학 성적에 따라 학생들을 수준별로 편성하지 않고 뒤섞는 것이 좋습니다. 《수학의 발견》으로 수업할 경우, 수학 지식이 부족한 학생들도 자기 생각을 표현하고 창의적인 아이디어를 내며 얼마든지 모둠에 기여할 수 있습니다.

▶ 이 책으로 수업을 하는 선생님을 위해 네이버에 **《수학의 발견》** 카페를 준비했습니다.

STAGE 1

유리수를 새롭게 보자

1 체육대회 준비

래퍼가 무엇을 하는 직업인지 굳이 설명하지 않아도 모두 알고 있을 거예요. 때로는 똑 떨어지게, 때로는 느슨하게 분위기를 바꾸며 가사를 읊조리는 래퍼처럼 때로는 유한히, 때로는 무한히 마디마디를 반복하는 수에 대해 알아봅시다.

1 체육대회 준비

학교에서는 학기초에 반별 체육대회를 합니다. 체육대회에서는 다함께 여러 가지 운동 경기에 참여하기도 하지만 반 별로 대표선수를 뽑아서 내보내는 경기도 있습니다. 최근 학생들이 즐겨하는 운동경기 중에는 티볼(teeball)이 있습니다. 티볼은 야구를 변형시킨 스포츠로 투수없이 배팅 티(tee) 위에 올려진 공을 치고 1, 2, 3루를 돌아 홈으로 들어오는 방법으로 진행됩니다. 티볼은 야구와 규칙이 비슷한데 도루나 슬라이딩은 금지하여 안전하게 게임을 즐기도록 하였습니다.

이 단원에서는 체육대회를 준비하는 과정 속의 경기 기록이나 응원가 속의 분수와 소수를 관찰하고 이를 통해 각각의 특징을 발견해 봅시다. 그리고 무한히 계속되는 소수와 그렇지 않은 소수를 분류해 보고 무한히 계속되는 소수 중에서 소수점 아래 숫자가 무한히 반복되는 소수는 분수와 어떤 관계가 있는지도 알아봅시다.

/1/ 우리반 대표 선수는 누구일까

개념과 원리 탐구하기 1

체육대회 티볼 경기의 우리 반 대표 선수 3명을 뽑으려고 합니다. 체육시간에 6명의 후보 선수들이 연습한 결과를 다음과 같이 표로 정리했습니다. 여기서 타수는 공을 친 횟수, 안타수는 공을 치고 살아서 1루에 성공적으로 도착한 횟수를 말합니다.

$\left(\text{단, (안타를 친 비율)} = \dfrac{\text{(안타수)}}{\text{(타수)}}\text{로 구합니다.}\right)$

번호	후보 선수	타수	안타수
1	기현	11	7
2	주영	8	5
3	은세	6	4
4	정식	5	4
5	준영	4	3
6	다혜	25	16

1 **다음을 함께 탐구해 보자.**

(1) 성훈이는 각 후보 선수들의 안타를 친 비율을 분수로 나타냈습니다. 빈칸에 알맞은 비율을 써보자.

번호	후보 선수	타수	안타수	비율
1	기현	11	7	$\frac{7}{11}$
2	주영	8	5	
3	은세	6	4	
4	정식	5	4	
5	준영	4	3	
6	다혜	25	16	

(2) 성훈이는 안타를 친 비율을 나타낸 분수의 크기 비교가 쉽지 않았습니다. 그 이유를 추측해 보자.

나의 생각

모둠의 의견

(3) 누가 대표 선수로 나가는 것이 유리할지 3명을 고르고, 그 방법을 설명해 보자.

2 다음을 함께 탐구해 보자.

(1) 분수와 소수 중 어떤 것을 이용해 선수들의 안타를 친 비율을 비교하는 것이 좋을지 생각해 보고 그 이유를 써보자.

(2) 일상생활에서 분수가 편리한 경우와 소수가 편리한 경우가 언제인지 찾아 설명해 보자.

분수가 편리한 경우	
소수가 편리한 경우	

개념과 원리 탐구하기 2

어떤 수를 소수로 나타냈을 때 소수점 아래 0이 아닌 숫자가 유한개인 것을 **유한소수**, 무한개인 것을 **무한소수**라고 합니다.

1 **수현이네 모둠은 분자를 1로 두고 분모만 2, 3, 4, … 로 차례로 바꾸어 가며 분수를 만들고, 이 분수를 나눗셈을 하여 다시 소수로 바꾸었습니다. 그후 분수를 소수로 바꾼 결과를 다음과 같이 유한소수와 무한소수로 분류했습니다. 이때 분수를 직접 나눗셈을 하지 않고도 유한소수, 무한소수로 구분하는 방법이 있을지 알아보자.**

[유한소수가 되는 분수들]

$\frac{1}{2}=0.5$, $\frac{1}{4}=0.25$,

$\frac{1}{5}=0.2$, $\frac{1}{8}=0.125$,

$\frac{1}{10}=0.1$, $\frac{1}{16}=0.0625$,

$\frac{1}{20}=0.05$, $\frac{1}{25}=0.04$

[무한소수가 되는 분수들]

$\frac{1}{3}=0.333\cdots$, $\frac{1}{6}=0.1666\cdots$,

$\frac{1}{7}=0.142857145\cdots$, $\frac{1}{9}=0.111\cdots$,

$\frac{1}{11}=0.0909\cdots$, $\frac{1}{12}=0.08333\cdots$,

$\frac{1}{13}=0.076923\cdots$, $\frac{1}{14}=0.071428\cdots$,

$\frac{1}{15}=0.0666\cdots$,

나의 생각

모둠의 의견

2 다음을 함께 탐구해 보자.

(1) $\frac{1}{32}$을 소수로 나타내면 소수점 아래의 숫자가 몇 개일지 추측하고 그 이유를 설명해 보자.

(2) $2^{10}=1024$이다. $\frac{1}{1024}$을 소수로 나타내면 소수점 아래의 숫자가 몇 개인지 구하고 그 과정을 설명해 보자.

(3) 분수를 소수로 나타낼 때, 직접 나누지 않고 소수점 아래의 숫자가 몇 개인지 알 수 있는 방법을 정리해 보자.

3 다음 친구의 주장에 대한 나의 생각을 써보자.

현수: $\frac{36}{48}$은 유한소수로 나타낼 수 없어! 왜냐하면 48을 소인수분해하면 $48=2^4\times3$이니까 분모 48의 소인수에 3이 있기 때문이야.

4 $\frac{7}{30}$에 어떤 자연수 a를 곱하면 유한소수가 됩니다. a가 한자리의 자연수라고 할 때, a의 값을 모두 구하고 이유를 설명해 보자.

게임하며 탐구하기 3

1 친구들과 함께 유한소수로 나타낼 수 있는 분수가 적혀 있는 칸을 찾아 색칠해 보자. 색칠한 부분이 가로, 세로, 대각선 중 일직선이 되면 빙고를 외칩니다. 빙고를 가장 먼저 외친 모둠이 1등을 하게 됩니다.

퍼즐판

$\frac{3\times5}{22}$	$\frac{25}{40}$	$\frac{4}{21}$	$\frac{23}{70}$	$\frac{10}{28}$	$\frac{36}{2\times3\times8}$
$\frac{13}{11}$	$\frac{9}{150}$	$\frac{3\times5}{21}$	$\frac{2}{9}$	$\frac{7}{2^2\times5}$	$\frac{45}{2^2\times3^2\times5^2}$
$\frac{7}{20}$	$\frac{3}{2^2\times7}$	$\frac{5}{14}$	$\frac{63}{105}$	$\frac{6}{18}$	$\frac{18}{30}$
$\frac{39}{7\times13}$	$\frac{2}{45}$	$\frac{4}{25}$	$\frac{3\times7}{2\times5\times7^2}$	$\frac{14}{48}$	$\frac{1}{2}$
$\frac{7}{16}$	$\frac{12}{2^2\times3\times5}$	$\frac{14}{2^2\times7}$	$\frac{11}{55}$	$\frac{11}{2\times5^2\times11}$	$\frac{5}{32}$
$\frac{21}{3\times5^2\times7}$	$\frac{1}{15}$	$\frac{21}{36}$	$\frac{12}{64}$	$\frac{2}{7}$	$\frac{27}{3\times5}$

/ 2 / 응원가를 만들자

개념과 원리 탐구하기 4

반별로 무한소수를 이용하여 응원가를 만든다고 합니다. 다음은 도에서 한 옥타브 위의 미까지의 음을 0부터 9까지의 수에 대응시켜 음계에 나타낸 것입니다.

$\frac{8}{11}$을 악보로 나타내 볼까요? $\frac{8}{11}$을 소수로 나타내면 0.727272⋯이므로 7에 해당하는 높은 도, 2에 해당하는 낮은 미를 이용하여 오른쪽 그림과 같이 나타낼 수 있습니다. (단, 도돌이표는 무한히 반복됩니다.)

1 **다음 분수를 위와 같이 악보로 나타내 보자.**

(1) $\frac{2}{13}$

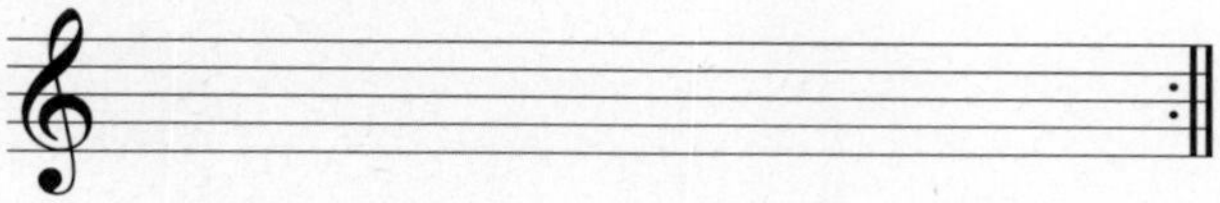

(2) $\frac{25}{37}$

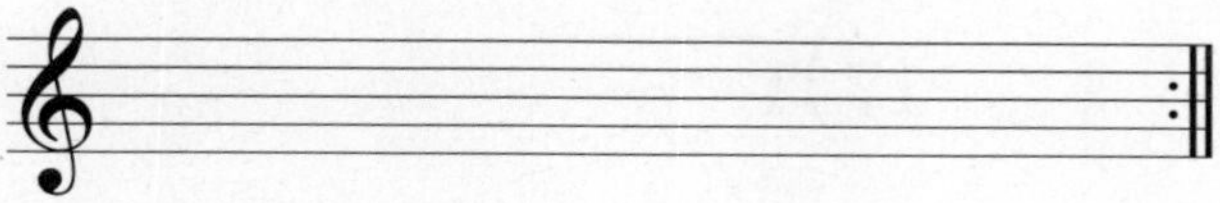

0.757575⋯와 같이 소수점 아래의 어떤 자리에서부터 일정한 숫자의 배열이 한없이 되풀이되는 소수를 **순환소수**라 하고, 숫자의 배열이 되풀이되는 한 부분 75를 **순환마디**라고 합니다. 순환소수는 순환마디 양 끝의 숫자 위에 점을 찍어 $0.757575\cdots=\mathbf{0.\dot{7}\dot{5}}$와 같이 간단히 나타낼 수 있습니다.

2 **1 의 분수를 소수로 나타낼 때, 순환마디를 찾고 이를 사용하여 기호로 표현해 보자.**

개념과 원리 탐구하기 5

1 다음 분수를 소수로 고치고 순환소수인지 아닌지를 판단해 보자.

(1) $\frac{2}{11}$	(2) $\frac{1}{6}$	(3) $\frac{1}{7}$

2 다음을 함께 탐구해 보자.

(1) 우리 반은 $\frac{1}{17}$로 응원가를 만들려고 하는데 수기는 $\frac{1}{17}$이 순환소수가 아니라서 응원가를 만들 수 없다고 말합니다. $\frac{1}{17}$이 순환소수인지 아닌지 직접 나누어 판단해 보자.

$$17\overline{)1}$$

(2) (1)과 같이 생각한 이유를 1 의 나눗셈을 할 때 발견한 나머지의 성질과 연결하여 설명해 보자.

나의 생각	모둠의 의견

3 유리수는 $\frac{a}{b}$(a, b는 정수, $b \neq 0$)의 꼴로 나타내어지는 수입니다. 즉, 분자, 분모가 모두 정수인 분수 꼴로 나타낼 수 있습니다. 유리수를 소수로 고쳤을 때, 순환하지 않는 무한소수가 나올 수 있을지 판단해 보고 그렇게 생각한 이유를 써보자.

개념과 원리 탐구하기 6

1 **[보기]는 순환소수 $0.\dot{1}3\dot{2}=0.132132\cdots$에 1또는 10의 거듭제곱을 곱한 순환소수들입니다.**

[보기]

㉠ $0.132132\cdots$	㉡ $13.213213\cdots$	㉢ $1.321321\cdots$
㉣ $13213.213213\cdots$	㉤ $1321.321321\cdots$	㉥ $132.132132\cdots$

(1) 두 순환소수의 뺄셈의 결과는 어떤 특징이 있는지를 알아보려고 합니다. [보기]에서 두 순환소수를 선택하여 뺄셈을 한 결과를 다양하게 살펴보고 그 특징을 써보자.

(2) $0.\dot{1}3\dot{2}$를 문자 x라 놓고 ㉠~㉥을 x를 이용한 식으로 나타내 보자.

㉠	$x=0.132132\cdots$
㉡	$100x=13.21321\cdots$
㉢	
㉣	
㉤	
㉥	

(3) (1)에서 두 순환소수를 뺀 결과가 정수가 나오는 과정을 각각 x를 이용한 식으로 정리해 보자.

2 다음은 0.313131⋯을 분수로 바꾸는 문제에 대해 문홍이와 민지가 푼 풀이입니다.

[문홍이의 풀이]

$x=0.313131\cdots$이라 하면

$$\begin{array}{rl} 1000x= & 313.13131\cdots \\ -)\ \ 10x= & 3.13131\cdots \\ \hline 990x= & 310 \end{array}$$

따라서 $x=\dfrac{31}{99}$이다.

[민지의 풀이]

$x=0.313131\cdots$이라 하면

$$\begin{array}{rl} 100x= & 31.31313\cdots \\ -)\ \ x= & 0.31313\cdots \\ \hline 99x= & 31 \end{array}$$

따라서 $x=\dfrac{31}{99}$이다.

(1) 문홍이와 민지가 각각 어떻게 푼 것인지 설명해 보자.

문홍이의 풀이	민지의 풀이

(2) 나라면 누구의 풀이를 선택할지 판단하고 그렇게 생각한 이유를 써보자.

3 1 과 2 를 이용하여 순환소수 $0.8\dot{5}$를 분수로 나타낼 수 있는 방법을 정리해 보자.

탐구 되돌아보기

1

호루스의 눈은 고대 이집트의 신격화된 파라오의 왕권을 보호하는 것과 건강, 이해를 상징합니다. 이집트 고대 왕국시대의 측량제도에서 이집트인들은 호루스의 눈 전체를 1로 하여 각 부분에 그림과 같은 분수를 배치했습니다. 이 분수들은 어떤 특징이 있는지 생각하여 써보자.

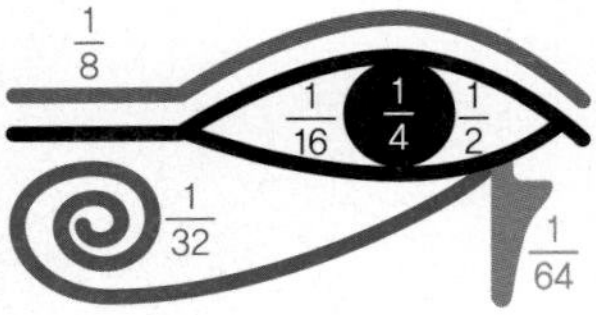

(참고: **EBS math** 호루스의 눈, 동영상을 3 : 07까지만 보고 문제를 푼 후, 나머지 영상을 보세요.)

2

어떤 야구 선수의 타수는 505, 안타수는 175라고 합니다. 이 선수의 안타 성공률 $\frac{175}{505}$를 계산기로 계산해 보니 오른쪽 그림과 같이 나왔습니다. $\frac{175}{505}$는 유한소수인지 무한소수인지 판단하고 그렇게 생각한 이유를 써보자.

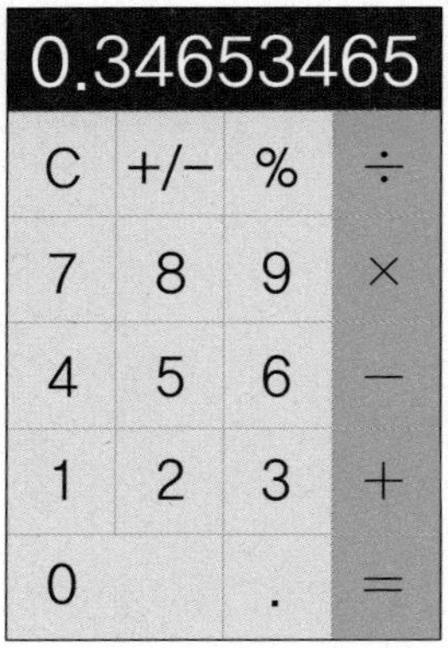

3 다음은 소현이가 **탐구하기 2**에서 유한소수가 되는 분수의 특징을 말한 것입니다. 소현이의 의견이 옳은지 판단하고 그렇게 생각한 이유를 써보자.

소현

와! 나 발견했어!
유한소수가 되는 분수는 분모가 1000의 약수일 때만 가능해!

4 분모가 9 또는 11인 분수는 재미있는 성질이 있습니다. 다음을 함께 탐구해 보자.

(1) 다음 표에서 각 분수를 소수로 나타내고 규칙을 찾아보자.

분수	소수
$\frac{1}{9}$	
$\frac{2}{9}$	
$\frac{3}{9}$	
$\frac{4}{9}$	
$\frac{5}{9}$	

분수	소수
$\frac{1}{11}$	
$\frac{2}{11}$	
$\frac{3}{11}$	
$\frac{4}{11}$	
$\frac{5}{11}$	

(2) 위의 표를 이용하여 $\frac{6}{9}$, $\frac{6}{11}$을 계산하지 않고, 소수로 나타내고 그렇게 생각한 이유를 써보자.

분수	소수로 나타내기	이유
$\frac{6}{9}$		
$\frac{6}{11}$		

5 다음은 분수와 소수를 배운 친구들이 각자의 의견을 정리한 문장입니다. 각 문장이 참인지 거짓인지 판단하고 그렇게 생각한 이유를 써보자.

(1) **영아**: 모든 무한소수는 분자, 분모가 모두 정수인 분수로 표현이 가능하다.

판단	나의 생각
(참, 거짓)	

(2) **수영**: 모든 순환소수는 분자, 분모가 모두 정수인 분수로 표현이 가능하다.

판단	나의 생각
(참, 거짓)	

(3) **영기**: 순환하지 않는 무한소수로 표현이 가능한 유리수가 있다.

판단	나의 생각
(참, 거짓)	

내가 만드는 수학 이야기

6 다음 용어 중 몇 개를 포함하여 소수와 분수에 대한 이야기를 만들어 보자.

용어

유한소수, 무한소수, 순환소수, 순환마디

제 목

개념과 원리 연결하기

1 '유리수가 유한소수가 아니라면 반드시 순환소수다.'라는 주장에 대해 자신의 의견을 쓰고 그렇게 생각한 이유를 써보자.

나의 첫 생각

다른 친구들의 생각

정리된 나의 생각

2 유리수의 개념을 정리해 보자.

(1) 이 단원에서 알게 된 유리수의 뜻과 성질 등을 모두 정리해 보자.

(2) 유리수와 연결된 개념을 복습해 보자. 그리고 제시된 개념과 유리수 사이의 연결성을 찾아 모둠에서 함께 정리해 보자.

유리수와 연결된 개념	유리수와 관련 개념 사이의 연결성
• 나눗셈의 몫과 나머지 • 분수와 소수 • 정수와 유리수 • 유리수의 사칙연산	

수학 학습원리 완성하기

성훈이는 다음과 같은 방법으로 탐구하기 5 2 를 해결하기 위한 자기 사고 과정을 설명했습니다.

내가 선택한 문제

2 다음을 함께 탐구해 보자.

(1) 우리반은 $\frac{1}{17}$로 응원가를 만들려고 하는데 수기는 $\frac{1}{17}$이 순환소수가 아니라서 응원가를 만들 수 없다고 말합니다. $\frac{1}{17}$이 순환소수인지 아닌지 직접 나누어 판단해 보자.

성훈이의 깨달음

처음에 나도 수기처럼 $\frac{1}{17}$은 순환하지 않는 무한소수일 것이라고 생각했다.
계속해서 나눌 때 순환마디가 생기질 않고, 계속 반복되는 것 같아 보였다.
이걸 언제까지 나눠봐야 하나? 그런 생각이 들었다. 그래서 적당히 나누고는 순환소수가 아니라고 답했다.
그런데 친구들과 이야기를 하면서 순환소수임을 발견하고는 너무 놀랐다. 그리고 이 원리가 초등학교에서 배운 나머지의 성질로 설명할 수 있다는 것이 신기했다.
제일 놀라운 것은 직접 나누지 않고도 기약분수로 나타내고, 분모에 따라 이를 확인할 수 있는 방법이 있다는 것이다. 직접 나누지 않고 확인하는 방법이 있다니 내가 직접 나눠서 확인하려고 한 것이 다소 한심스러워졌다고나 할까?

수학 학습원리

학습원리 1. 끈기 있는 태도와 자신감 기르기

1 성훈이의 설명에서 다른 수학 학습원리를 발견할 수 있는지 찾아보자.

2 성훈이가 한 것처럼 여러분들도 이 단원의 다른 문제를 선택하여 해결하는 사고 과정을 설명하 보고 사용한 수학 학습원리를 찾아보자.

내가 선택한 문제

나의 깨달음

수학 학습원리

수학 학습원리

1. 끈기 있는 태도와 자신감 기르기
2. 관찰하는 습관을 통해 규칙성 찾아 표현하기
3. 수학적 추론을 통해 자신의 생각 설명하기
4. 수학적 의사소통 능력 기르기
5. 여러 가지 수학 개념 연결하기

STAGE 2

식을 간단하게 나타내자

1 보다 간단한 표현

/1/ 복잡해 보이지만 간단해

/2/ 문자식을 간단히

심리 상담사

심리 상담사는 상담하러 온 사람의 고민을 듣고 도와주는 역할을 하는 직업입니다. 복잡한 마음도 상담사와 이야기를 나누다 보면 차분히 정돈되지요. 수학에도 복잡한 수식을 정돈해 주는 방법들이 있습니다. 이 단원을 공부하면 한결 깔끔해진 수학 노트 정리법을 알 수 있을 거예요.

1 보다 간단한 표현

빛이 1년 동안 가는 거리를 1광년이라고 합니다. 우주에서 별과 별 사이의 거리는 너무 멀어서 '광년'이라는 단위를 사용합니다. 그런데 1광년이란 몇 km일까요? 빛의 속도는 초당 30만 km입니다. 1년은 3,156만 초이므로 1광년은 약 9조 4,680억 km에 해당합니다. 이런 큰 수는 10의 거듭제곱을 이용하여 나타내면 보다 간단하게 표현할 수 있습니다. 1광년은 약 9.46×10^{12} km입니다. 플랑크 길이, 플랑크 시간 등 매우 작은 수도 마찬가지입니다. 이와 같이 거듭제곱을 이용한 표기법은 주로 과학에서 많이 사용된다고 합니다.

이 단원에서는 거듭제곱으로 나타낸 수들을 계산하는 방법과 원리를 발견하고, 다항식을 정리하여 간단하게 표현하는 방법도 탐구해 봅시다.

/ 1 / 복잡해 보이지만 간단해

개념과 원리 탐구하기 1

1 식을 간단하게 나타내는 여러 가지 방법이 있습니다. 어떤 방법을 사용할까요? 다음은 친구들이 식을 간단히 나타낸 것입니다. 옳지 않게 나타낸 친구에게 동그라미 표시하고, 틀린 식은 옳게 고쳐 보자.

(1)

경은: $3+3+3+3+3+3+3=3^7$

태윤: $3\times3\times3\times3\times3\times3\times3=3^7$

(2)

세영: $(-2)^3=-8$

상현: $-4^2=16$

(3)

도윤: $-8\times x+y=-8xy$

지훈: $20x\div(-5y)=-\dfrac{4x}{y}$

개념과 원리 탐구하기 2

1 **오른쪽 표는 동양에서 사용하는 큰 수를 거듭제곱의 형태로 나타낸 것입니다. 다음을 함께 탐구해 보자.**

수	거듭제곱 형태
만	10^{4}
억	10^{8}
조	10^{12}
경	10^{16}
해	10^{20}
구	10^{32}
항하사	10^{52}
아승기	10^{56}
나유타	10^{60}
불가사의	10^{64}
무량	10^{68}

(1) '억'과 '만'을 곱한 결과를 거듭제곱의 형태로 나타내고, 지수가 그렇게 나온 이유를 써보자.

(2) '구'를 '해'로 나눈 결과를 거듭제곱의 형태로 나타내고, 지수가 그렇게 나온 이유를 써 보자.

(3) '경'을 제곱한 결과를 거듭제곱의 형태로 나타내고, 지수가 그렇게 나온 이유를 써보자.

(4) (1)~(3)의 계산에서 큰 수의 계산을 쉽게 하는 나만의 법칙을 문장으로 2가지 이상 만들어 보자.

나의 생각

모둠의 의견

2 다음을 함께 탐구해 보자.

(1) '무량(10^{68})'은 정도를 헤아릴 수 없을 만큼 많은 수라는 뜻입니다. 1 에서 발견한 규칙을 사용하여 '무량'을 1 의 표에 있는 수들로 다양하게 만들고, 어떻게 만들었는지 설명해 보자.

(2) '항하사(10^{52})'는 항하(인도의 갠지스 강)의 모래알 수만큼이나 많다는 뜻입니다. 1 에서 발견한 규칙을 사용하여 '항하사'를 1 의 표에 있는 수들로 다양하게 만들고, 어떻게 만들었는지 설명해 보자.

3 1 과 2 의 활동을 통해 찾아낸 규칙을 문자를 이용하여 표현해 보자.

나의 생각	모둠의 의견

개념과 원리 탐구하기 3

1 문자를 사용한 식에서 나눗셈 기호를 다음과 같이 생략할 수 있습니다. 여기서 사용된 원리를 설명해 보자.

$$a \div 3 = \frac{a}{3}, \quad a \div b = \frac{a}{b}$$

2 **1**의 원리를 이용하여 다음 식을 간단하게 나타내고 어떻게 풀었는지 설명해 보자.

(1) $a^{12} \div a^{8}$

(2) $x^{9} \div x^{14}$

(3) $x^{4} \div x^{4}$

3 **2**번과 같은 나눗셈을 쉽게 하는 나만의 법칙을 만들어 보자.

4 다음은 **2** (3) $x^4 \div x^4$을 친구들이 푼 과정입니다. 이 중 누구의 풀이가 옳은지 판단하고, 그렇게 생각한 이유를 써보자. 옳은 친구가 없다면 옳게 풀고 설명해 보자.

- 성수 : $x^4 \div x^4 = \dfrac{x \times x \times x \times x}{x \times x \times x \times x}$라는 뜻이야. 그럼 x끼리 다 약분되니까 진짜 0이네!
- 영의 : 아니야, 약분을 다 하지 말고, 한 개씩만 남겨볼게. $\dfrac{x \times x \times x \times x}{x \times x \times x \times x}$

  그런데 $\dfrac{x}{x}$는 분자, 분모가 똑같잖아. $\dfrac{2}{2}$처럼. 그럼 약분하면 1 아닌가?
- 세령 : 나눗셈은 지수끼리 빼라고 했으니까 $4-4=0$으로 0이야.

5 지금까지 발견한 규칙과 원리를 이용하여 다음을 간단히 해 보자.

(1) $(x^2)^3 \div x^5$

(2) $x^9 \div x^3 \div x^4$

(3) $3x^2y \times 4xy^3 \div 2x^4y^2$

개념과 원리 탐구하기 4

1 [보기]에서 값이 같은 수를 모두 골라 등식으로 나타내고, 이 식에서 발견할 수 있는 특징을 추측하여 나만의 법칙을 만들어 보자.

[보기]

㉠ $2^2 \times 3^2$	㉡ $2^2 \times 5^2$	㉢ 100
㉣ 36	㉤ 10^2	㉥ 6^2

2 지금까지 만든 법칙을 이용하여 다음을 계산해 보자. 그리고 모둠에서 보다 편리하고 쉽게 계산할 수 있는 방법을 논의해 보자.

$$5^{10} \times 6^8 \times 2^2$$

나의 생각

모둠의 정리

3 다음을 함께 탐구해 보자.

▌준비물 : 계산기

(1) $\left(\frac{3}{2}\right)^5$과 $\frac{3^5}{2^5}$을 계산기로 계산하여 그 값을 비교해 보자.

(2) (1)의 결과가 왜 그렇게 나왔는지를 앞의 법칙들을 이용하여 설명해 보고, 분수의 거듭제곱에 대한 나만의 법칙을 만들어 보자.

(3) (2)에서 만든 규칙을 문자를 이용하여 표현해 보자.

/ 2 / 문자식을 간단히

개념과 원리 탐구하기 5

▌준비물 : 단어카드

1 [보기]에 주어진 용어에서 각자 2개씩 고른 후 그 용어를 넣어 아래 (1)~(4)의 식을 친구들에게 설명해 보자. (단, 무조건 자신이 고른 용어를 이용해야 합니다.)

[보기]

항, 상수항, 계수, 다항식, 차수, 일차식, 이차식*, 동류항, 분배법칙

*이차식 : 한 문자에 대한 차수가 2인 다항식을 그 문자에 대한 이차식이라고 한다.

(1) $\frac{x}{3}-y+4$

(2) $3x^2-5x+7$

(3) $2x-3x=-x$

(4) $-2(x-1)=-2x+2$

2 문자가 있는 식을 계산하려고 합니다. 친구들의 생각이 옳은지 판단하고 그렇게 생각한 이유를 써보자.

	친구들의 생각	판단	이유
(1)	$5a+6b$는 더 간단히 할 수 있어.	(○, ×)	
(2)	$5a\times6b$는 더 간단히 할 수 있어.	(○, ×)	
(3)	x^2+x는 더 간단히 할 수 있어.	(○, ×)	
(4)	$4x^2+5x^2-11x^2$은 더 간단히 할 수 있어.	(○, ×)	

개념과 원리 탐구하기 6

1 세 수 a, b, c에 대하여 덧셈에 대한 곱셈의 분배법칙 $a\times(b+c)=a\times b+a\times c$가 성립합니다. 다음 식을 분배법칙을 이용하여 일차항과 상수항으로 분리하고 어떻게 적용한 것인지 설명해 보자.

(1) $-(3x-2)$

(2) $\dfrac{2a-4}{3}$

2 다음 식을 계산하여 간단하게 나타내고, 나타내는 과정의 어느 부분에서 분배법칙을 어떻게 이용했는지 설명해 보자.

(1) $(5x-3)\times(-2)$

(2) $(5x+3y)+(2x-y)$

(3) $3(x-1)-2(4-x)$

(4) $\dfrac{2a-4}{3}-\dfrac{3a+1}{4}$

단항식과 다항식의 곱셈에서도 수와 다항식의 곱셈과 마찬가지로 분배법칙을 이용하여 계산합니다. 예를 들어

$$a\times(2a+3b)=a\times 2a+a\times 3b$$
$$=2a^2+3ab$$

와 같이 계산합니다.

$$a\times(2a+3b)\xrightarrow{\text{전개}}\underbrace{2a^2+3ab}_{\text{전개식}}$$

이와 같이 단항식과 다항식의 곱셈에서 분배법칙을 이용하여 하나의 다항식으로 나타내는 것을 식을 **전개**한다고 합니다.

3 **다음 식을 간단히 하고, 분배법칙을 이용하여 간단히 한 과정을 설명해 보자.**

(1) $(x^2+5x-7)+(4x^2-2x+5)$

(2) $(3x^2+5x-6)-(4x^2-7x+1)$

(3) $-3x(2x-5y)$

(4) $(6a^2-12a)\div(-3a)$

(5) $a(4a-3)+5a(a+3)$

(6) $\dfrac{8a^3-6a}{2a}-\dfrac{15a^2-12a}{3a}$

개념과 원리 탐구하기 7

1 다음 친구의 계산이 옳은지 판단해 보자. 옳지 않다면 친구의 이해를 돕기 위해 어떻게 설명하면 좋을지 써보자.

(1) 소연 (○, ×)

$$x(-5x+3)=-5x^2+3$$

(2) 지현 (○, ×)

$$\begin{aligned}&(2x+y)-(x-3y)\\&=2x+y-x-3y\\&=x-2y\end{aligned}$$

(3) 세운 (○, ×)

$$\begin{aligned}&(9x^2-15xy)\div\frac{3}{2}x\\&=(9x^2-15xy)\times\frac{2}{3}x\\&=9x^2\times\frac{2}{3}x-15xy\times\frac{2}{3}x\\&=6x^3-10x^2y\end{aligned}$$

(4) 민국 (○, ×)

$$\begin{aligned}\frac{6x^2-5x}{3x}&=\frac{6x^2}{3x}-5x\\&=2x-5x\\&=-3x\end{aligned}$$

게임하며 탐구하기 8

다음 문제들을 해결하여 암호를 풀어내면 소중한 지구를 살리는 방법을 알아낼 수 있습니다. 모둠 친구들과 힘을 합하여 암호를 풀어 봅시다.

암호문제

1. 업그레이드와 리사이클링의 합성어로 폐기물에 창조적인 디자인, 기술 등을 접목하여 새로운 용도의 제품으로 재탄생시키는 것을 무엇이라고 할까요?
   ➡ ⓐ ⓑ ⓒ ⓓ ⓔ
2. 도시의 기온이 교외보다 높게 나타나는 현상을 무엇이라 할까요? ➡ ⓕ ⓖ 현 상
3. 습지는 국제적 멸종 위기종의 서식지이며 2만 개체 이상의 물새 서식지로 생태적으로 중요한 가치를 가지고 있습니다. 이에 습지의 보전과 현명한 이용을 촉구하는 국제 협약이 1971년 이란에서 채택되었는데 이 협약을 ○○○ 협약이라고 합니다.
   ➡ ⓗ ⓘ ⓙ 협약
4. 우리가 소비 활동을 하면서 자연스럽게 발생되는 것으로 해마다 여의도 면적의 5배 규모로 발생됩니다. 최근 해양 동물뿐 아니라 북극곰의 생명까지 위협하고 있음이 보도되면서 세계적으로 이것을 줄이자는 운동이 일어나고 있습니다.
   ➡ 생활 ⓚ ⓛ ⓜ

암호 글자판

-18	이	0	전	4	열	17	계
-12	르	$\frac{4}{7}$	업	5	사	20	해
-11	창	$\frac{7}{2}$	신	6	상	23	민
-9	둠	$\frac{3}{4}$	상	7	물	27	큰
-7	김	$-\frac{1}{2}$	재	8	클	29	연
-6	수	$\frac{1}{5}$	기	9	태	33	항
-5	사	$\frac{3}{2}$	기	11	도	34	게
-3	링	1	섬	12	보	55	활
-2	폐	2	람	13	이	80	품
-1	플	3	소	15	진	100	준

암호	문제	답	암호 글자
ⓐ	$(x^2+2x+3)+(3x^2+5x+4)$를 간단히 하였을 때, (x^2의 계수) ÷(상수항)		
ⓑ	$(4x^2-x+3)-(x^2-3x-1)$을 간단히 하였을 때, (이차항의 계수) + (일차항의 계수)		
ⓒ	$(5x^2+2x-1)-(-x^2-3x+2)$를 간단히 하였을 때, (이차항의 계수) × (상수항)		
ⓓ	$(-4x^2+6x-2)+\{(9x^2-7x)-(3x-5)\}$를 간단히 하였을 때, ($x^2$의 계수) + (상수항)		
ⓔ	$(3a-4b-5)+(-a+2b+2)$를 간단히 하였을 때, 상수항		
ⓕ	$(4a^3b+3a^2b)\div ab$를 간단히 하였을 때, a^2의 계수		
ⓖ	$(10xy^2-2xy)\div(-2xy)$를 간단히 하였을 때, 상수항		
ⓗ	$(-14a^2b^3+21ab^2)\div(-7b^2)$을 간단히 하였을 때, a^2b의 계수		
ⓘ	$\left(\frac{9}{4}x^2-\frac{3}{2}xy\right)\div\left(-\frac{3}{4}x\right)$를 간단히 하였을 때, ($x$의 계수)−($y$의 계수)		
ⓙ	다항식 P에 $\frac{1}{4}xy$를 곱하면 $x^2y+\frac{5}{2}xy^2-3xy$가 될 때, 다항식 P의 상수항		
ⓚ	밑면의 가로의 길이가 $3a$, 세로의 길이가 $2b$인 직육면체 모양의 지우개가 있다. 지우개의 부피가 $18a^2b-12ab^3$일 때, 높이를 나타내는 식에서 b^2의 계수		
ⓛ	$(2x^2+4x-6)\times\left(-\frac{1}{4}x\right)$를 전개했을 때, 일차항의 계수		
ⓜ	그림과 같은 전개도로 직육면체를 만들었을 때, 평행한 두 면에 있는 두 다항식의 합이 모두 같다고 한다. A에 들어갈 식의 상수항 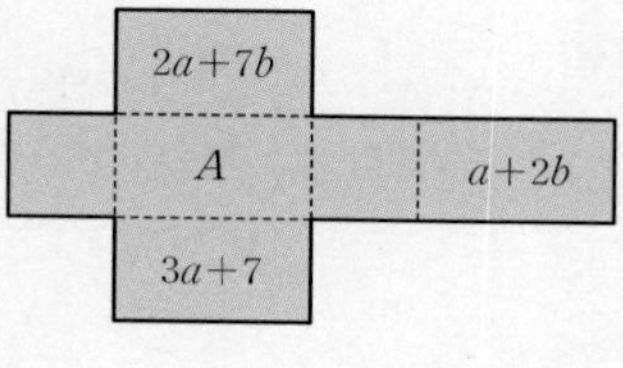		

탐구 되돌아보기

1 컴퓨터는 정보를 저장하는 단위로 비트(bit)를 사용합니다. 1바이트는 2^3비트이고, 1킬로바이트는 $2^{10}(=1024)$바이트일 때, 1킬로바이트는 몇 비트인지 구해 보자.

2 자연과학에서는 다양한 단위들이 사용됩니다. 다음은 미터(m)의 유래를 설명하는 글입니다. 다음을 함께 탐구해 보자.

나라마다 1미터(m)의 길이는 서로 같을까요? 다를까요?

1790년, 프랑스 정부에서 전 세계에서 사용되는 단위의 표준을 정할 필요성을 느껴 미터법을 제정하기로 했고, 여러 논의 끝에 지구를 기준으로 1 m라는 길이를 정했습니다.

처음에는 1 m를 '지구 적도에서 북극점까지의 거리'의 1000만분의 1로 정하고, 백금과 이리듐으로 이 길이를 측정할 수 있는 원기를 만들어 세계에 보급했다고 합니다. 그런데 금속의 특성상 온도와 습기 등의 환경에 따라 미세한 길이 변화가 생겨서 미터를 정의하는 방법은 시간이 흐르면서 바뀌었습니다.

현재는 1983년 제7차 국제도량형총회에서 '1 m는 진공에서의 빛이 $\frac{1}{299,792,458}$ 초 동안 진행한 거리'로 정하여 사용하고 있습니다. 이것은 진동에서의 빛의 속도입니다.

(출처: 위키백과)

(1) 길이를 나타내는 단위에 대해 조사하여 다음 빈칸을 채워 보자.

①

거듭제곱 표현	1	10^2	10^3			
이름	미터	헥토미터	킬로미터			
기호	m	hm	km			

②

거듭제곱 표현	$\frac{1}{10}$	$\frac{1}{10^2}$	$\frac{1}{10^3}$			
이름	데시미터	센티미터	밀리미터			
기호	dm	cm	mm			

(2) 거듭제곱을 사용하여 각 단위들 사이의 관계를 설명해 보자.

3 **다음은 제2의 지구 케플러-22*b* 행성에 대한 친구들의 대화입니다. 600광년이 몇 km인지 10의 거듭제곱을 이용하여 나타내 보자.**

서연: 은세야, 알아? 케플러-22*b* 행성이란 것이 있는데 태양계 밖에 있긴 한데 지구와 매우 닮았다고 하더라고. 그래서 수퍼 지구라고 부른대. 제2의 지구를 찾기 위해 발사된 케플러 망원경으로 찾았다는데 지구에서 이 행성까지는 600광년이 떨어져 있다네. 도대체 몇 km나 떨어져 있는 걸까?

은세: 1광년은 빛이 초속 30만 km의 빠르기로 1년(약 3000만 초로 계산) 동안 간 거리야.

4 **다음을 함께 탐구해 보자.**

(1) 민수는 거듭제곱을 사용하여 64를 세 가지 방법으로 구할 수 있다고 주장했습니다. 이 생각이 맞는지 판단하고, 그렇게 생각한 이유를 써보자.

$$2^6=4^3=8^2=64$$

(2) 병철이도 36과 100에 대해 각각 두 가지 방법으로 구하는 식을 발견했습니다. 이것을 설명할 수 있는 지수법칙이 무엇인지 찾고, 그렇게 생각한 이유를 써보자.

$$2^2\times3^2=36=6^2$$
$$2^2\times5^2=100=10^2$$

5 다음 친구의 계산이 옳은지 판단해 보자. 옳지 않다면 친구의 이해를 돕기 위해 어떻게 설명하면 좋을지 써보자.

(1) 민정: $a^6 \div a^2 = a^{6\div 2} = a^3$ (○, ×)

(2) 상진: $a^3 \div a^8 = a^{8-3} = a^5$ (○, ×)

(3) 태훈: $(3a^5)^2 = 3a^{5\times 2} = 3a^{10}$ (○, ×)

(4) 은정: $\left(\frac{x^3}{2}\right)^4 = \frac{x^{3\times 4}}{2} = \frac{x^{12}}{2}$ (○, ×)

6 이 단원에서 배운 내용을 활용하여 풀 수 있는 문제를 만들어 봅시다. 예를 들면, $ab\times(2b)^3$, $-ab^3\div b$와 같이 두 식을 곱하거나 나누는 문제를 만들 수 있습니다. 각자 다섯 개의 문제를 다양하게 만들고 친구와 교환하여 풀어 보자.

	내가 만든 문제	친구의 풀이
(1)		
(2)		
(3)		
(4)		
(5)		

내가 만드는 수학 이야기

7 다음 용어 중 몇 개를 포함하여 지수법칙이나 다항식의 계산에 대한 이야기를 만들어 보자.

용어

다항식, 계수, 차수, 전개, 지수법칙, 분배법칙

제 목

Jump on your dreams : 꿈 딛고 점프

개념과 원리 연결하기

1 2^{30}과 3^{20}과 같은 큰 수의 크기가 비교 가능한 지 설명해 보자.

나의 첫 생각

다른 친구들의 생각

정리된 나의 생각

2 지수법칙을 정리해 보자.

(1) 이 단원에서 알게 된 지수법칙의 뜻과 성질에 대해 모두 정리해 보자.

(2) 지수법칙과 연결된 개념을 복습해 보자. 그리고 제시된 개념과 지수법칙 사이의 연결성을 찾아 모둠에서 함께 정리해 보자.

지수법칙과 연결된 개념	지수법칙과 관련 개념 사이의 연결성
• 거듭제곱 • 동류항과 동류항 계산 • 일차식의 계산 • 식의 값	

수학 학습원리 완성하기

윤혜는 다음과 같은 방법으로 탐구 되돌아보기 4 (1) 문제를 해결하기 위한 자기 사고 과정을 설명했습니다.

내가 선택한 문제

4 다음을 함께 탐구해 보자.

(1) 민수는 거듭제곱을 사용하여 64를 세 가지 방법으로 구할 수 있다고 주장했습니다. 이 생각이 맞는지 판단하고, 그렇게 생각한 이유를 써보자.

$$2^6=4^3=8^2=64$$

윤혜의 깨달음

2^6은 2를 6번 곱해서 구할 수 있다.
4^3은 4를 3번 곱해서 구하면 된다.
8^2은 8을 두 번 곱해서 구하면 된다. 이 결과들이 우연히 64가 나왔다.

처음에 나는 우연이라고 생각했다. 신기하기는 한데 우연히 민수가 잘 찾았네 싶었다.
그런데 이게 우연이 찾아지는 것이 아니라 64를 소인수분해한 2^6을 잘 변형하면 고생하지 않고도 같은 결과가 나오는 식을 여러 개 쉽게 찾을 수 있다는 것을 알게 되었다.

$$\begin{aligned}2^6&=2\times2\times2\times2\times2\times2\\&=2^2\times2^2\times2^2\\&=(2^2)^3\\&=4^3\end{aligned}$$

$$\begin{aligned}2^6&=2\times2\times2\times2\times2\times2\\&=2^3\times2^3\\&=(2^3)^2\\&=8^2\end{aligned}$$

수학 학습원리

학습원리 5. 여러 가지 수학 개념 연결하기

1 윤혜의 설명에서 여러분은 다른 학습원리를 발견할 수 있는지 찾아보자.

2 윤혜가 한 것처럼 여러분도 이 단원의 다른 문제를 선택하여 해결하는 사고 과정을 설명해 보고 사용한 수학 학습원리를 찾아보자.

내가 선택한 문제

나의 깨달음
수학 학습원리

수학 학습원리

1. 끈기 있는 태도와 자신감 기르기
2. 관찰하는 습관을 통해 규칙성 표현하기
3. 수학적 추론을 통해 자신의 생각 정리하기
4. 수학적 의사소통 능력 기르기
5. 여러 가지 수학 개념 연결하기

STAGE 3

일직선으로 변하는 현상을 발견하

1 서울 여행 1일차

/ 1 / 서울로 7017 거리에서

/ 2 / 국립고궁박물관에 가 보자

2 서울 여행 2일차

/ 1 / 수로 표현하는 계단

/ 2 / 직선 코스로 가 보자

탐험가

산을 올라가기도 하고 바다 깊숙한 곳으로 들어가서 자연과 동물에 대한 정보를 알아내는 탐험가는 지구의 구석구석을 들여다 보는 직업일 거예요. 이 단원에서는 탐험가가 되어 가파른 산의 오르막길과 내리막길이 되는 직선을 탐험하고 분석해 봅시다.

1 서울 여행 1일차

1학년 때 제주도를 탐방한 5명의 친구들이 이번에는 대한민국 수도인 서울 탐방에 나섰습니다. 친구들은 서울여행 1일차에는 서울로 7017 고가도로와 고궁을 탐방하려고 합니다. 서울역 고가 도로를 '차량길'에서 '사람길'로 재생하고자 시작된 서울역 7017프로젝트를 통해 2017년 5월에 서울로 7017 고가도로가 시민들에게 개방되었습니다. 친구들과 함께 1일차 서울 여행을 하면서 어떤 두 양 사이에 숨겨진 특별한 수학적 관계를 찾아볼까요?

이 단원에서는 변하는 두 양 사이의 대응되는 관계를 찾고 그 관계 사이에서 발견할 수 있는 성질을 탐구하고 이를 표나 그래프로 나타내 봅시다. 관계를 표나 그래프로 표현하면 숨어 있는 규칙을 찾을 수 있습니다. 이 규칙을 이용하여 두 수량 사이의 관계를 식으로 나타내고 이를 토대로 미래를 예측하는 방법을 알아봅시다.

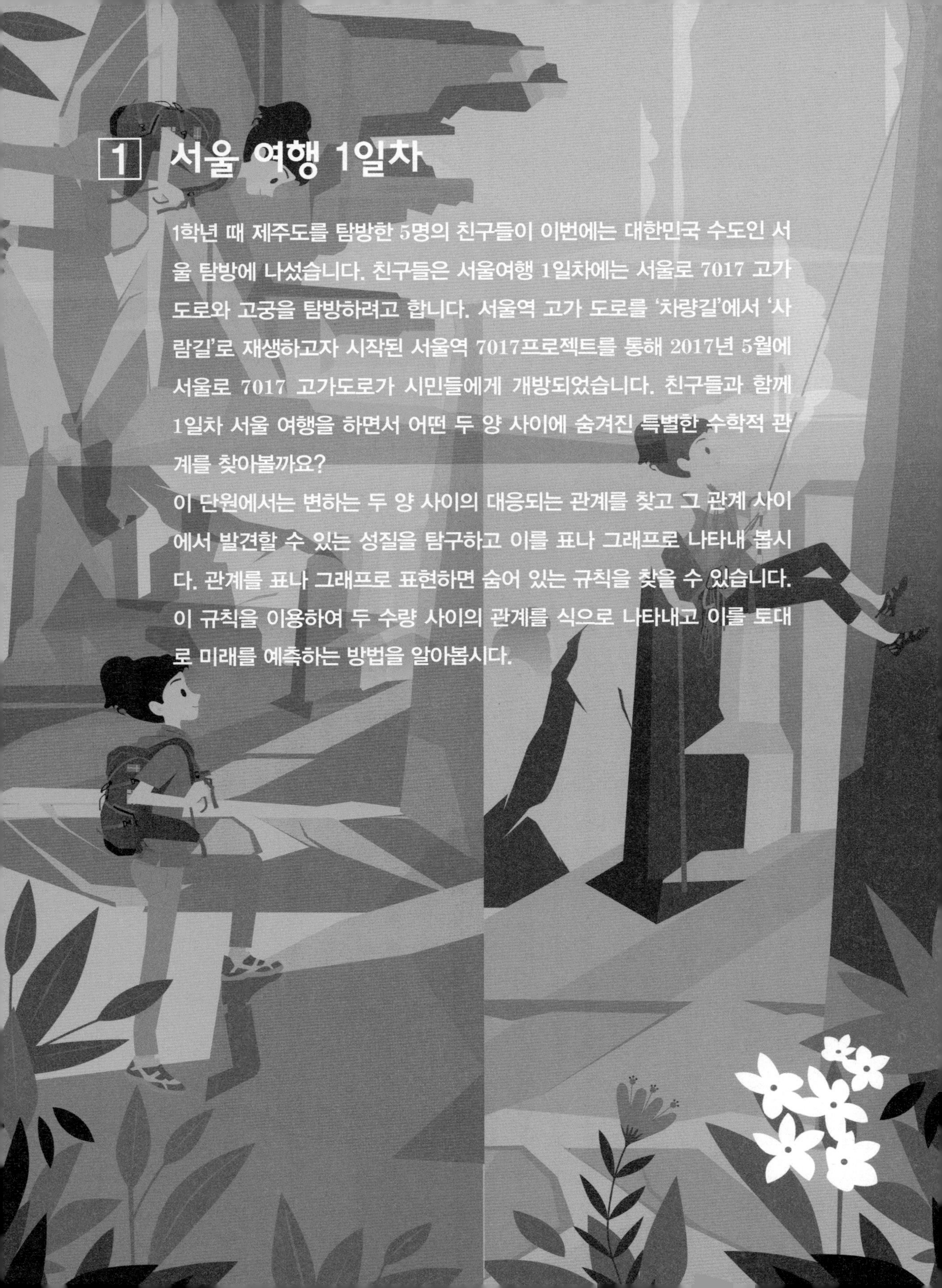

/ 1 / 서울로 7017 거리에서

개념과 원리 탐구하기 1

세인, 민주, 한나, 지수, 주원이는 서울 탐방 여행에 나섰습니다. 다섯 친구들은 '서울로 7017' 고가도로를 걷기로 하였습니다. 서울로 7017의 길이는 1024 m라고 합니다.

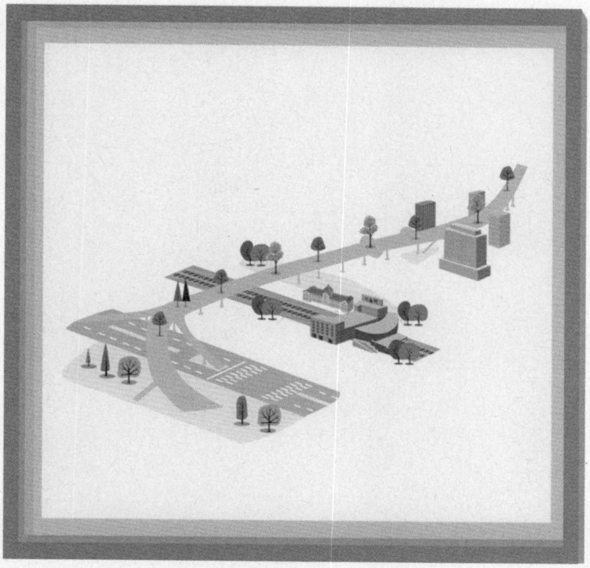

알고 걷자, 서울로

1970년에 만들어져 2017년에 다시 태어나고
1970년 차량길에서 17개 사람길로 재탄생하고
1970년에 만들어진 17 m 높이의 고가라는 의미

1 다음은 친구들이 서울로를 걸으면서 겪게 되는 여러 가지 상황을 표로 나타낸 것입니다. 각 표의 왼쪽 열과 오른쪽 열이 어떤 관계인지 추측해 보고 그 관계에 따라 표의 빈칸을 채워 보자.

[예시]

2	2
4	4
6	6
8	8
10	10
관계: 시간(초)당 걸은 거리(m)	

(1)

1	600
2	
3	1800
4	2400
5	3000
관계:	

(2)

500	껌
600	쥬스
800	캔커피, 우유
1000	콜라, 사이다, 코코팜
1500	
관계:	

2 1 과 같이 관계가 있는 상황을 자유롭게 만들어 보자.

(1)

관계:	

(2)

관계:	

(1) 여러 가지로 변하는 값을 나타내는 문자를 변수라고 합니다.

(2) 두 변수 x, y에 대하여 x의 값이 변함에 따라 y의 값이 하나씩만 정해질 때, y를 x의 **함수**라고 합니다.

3 **다음을 함께 탐구해 보자.**

(1) 2 에서 만든 관계에서 왼쪽 열을 x, 오른쪽 열을 y라고 할 때, y가 x의 함수인 것을 찾고 그렇게 생각한 이유를 써보자.

(2) 왜 수학자들은 x의 값이 변함에 따라 y의 값이 하나씩 정해지는 것만을 함수라고 정했을지 그 이유를 추측해 보자.

나의 생각	모둠의 의견

개념과 원리 탐구하기 2

1 **걷는 속력이 2m/초인 사람이 x초 동안 걸어간 거리를 y m라고 합시다. 다음을 함께 탐구해 보자.**

(1) 다음은 이 상황을 두 친구가 다른 방법으로 표현한 것입니다. 표와 함수 상자의 빈칸에 알맞은 수나 식을 쓰고 그렇게 생각한 이유를 말해 보자.

숙영 나는 표로 정리해 봤어.

x (초)	1	2	3	4	…
y (m)					

현숙 나는 x와 y 사이의 규칙을 찾아봤어. 어? 규칙이 일정하네!

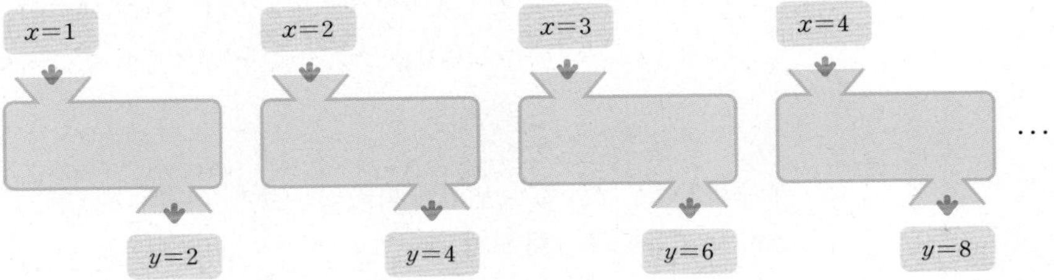

(2) (1)을 참고하여 y가 x의 함수인지 판단하고 그렇게 생각한 이유를 써보자.

(3) 만약 x가 100이라면 y는 얼마인지 구하고 그렇게 생각한 이유를 써보자.

(4) 만약 y가 15라면 x는 얼마인지 구하고 그렇게 생각한 이유를 써보자.

(1) 두 변수 x, y에 대해서 y가 x의 함수일 때, 이것을 기호로 다음과 같이 나타냅니다.

$$y=f(x)$$

(2) 함수 $y=f(x)$에서 x의 값에 따라 하나씩 정해지는 y의 값 $f(x)$를 x에 대한 **함숫값**이라고 합니다. 예를 들어 $x=1$일 때의 함숫값은 $f(1)$이고, $x=-1$일 때의 함숫값은 $f(-1)$입니다.

|참고| 함수 $y=f(x)$에서 f는 함수를 뜻하는 function의 첫 글자입니다.

2 다음 그림에서 y는 x의 함수다. (단, 그림에서 f는 같은 함수입니다.)

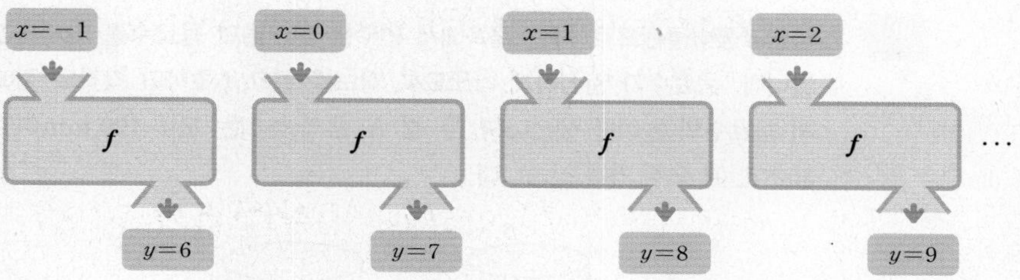

(1) 주어진 x에 대해 각각의 함숫값을 $f(x)$ 기호를 이용하여 나타내 보자.

(2) $f(-10)$과 $f(10)$을 구하고 구한 과정을 설명해 보자.

/ 2 / 국립고궁박물관에 가 보자

개념과 원리 탐구하기 3

10,000원짜리 지폐 앞면에는 세종대왕과 장영실의 발명품인 자격루가 나란히 새겨져 있습니다. 국립고궁박물관에 가면 그 자격루를 볼 수 있습니다. 국립고궁박물관으로 가 보자.

1 **국립고궁박물관으로 가는 길목에서 민주는 친구들과 음료수를 마시려고 합니다. 음료수가 일정하게 나오도록 밸브를 열고, 5초마다 각각의 컵에서 음료수의 높이를 쟀습니다. 두 컵 A, B의 높이는 모두 120 mm이고 30초 만에 모두 가득 찼습니다.**

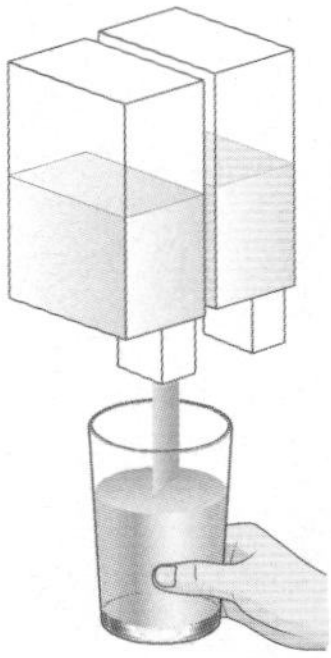

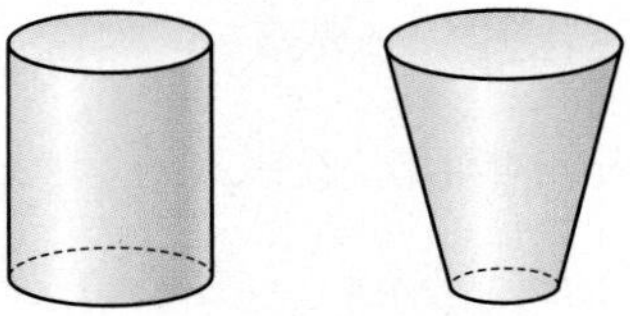

[컵 A] [컵 B]

(1) 시간에 따라 음료수의 높이가 얼마가 될지를 추측하여 표로 나타내고, 그렇게 생각한 이유를 말해 보자.

[컵 A]

시간(초)	0	5	10	15	20	25	30
높이(mm)	0	20					120

[컵 B]

시간(초)	0	5	10	15	20	25	30
높이(mm)	0						120

(2) (1)의 표를 각각 다음 좌표평면 위에 그래프로 나타내고 그래프 모양을 서로 비교하여 각 그래프의 특징을 써보자.

나의 생각

모둠의 의견

2 각 컵에서 x를 시간이라 하고 y를 음료수의 높이라고 할 때, y는 x의 함수라고 할 수 있는지 그 이유를 설명하고, 그래프가 직선이 되는 컵에서의 함수식을 구해 보자.

3 그래프가 직선 모양인 경우 표에서의 변화의 특징과 함수식의 특징을 정리해 보자.

개념과 원리 탐구하기 4

일차함수는 여러 가지로 설명할 수 있습니다.
일반적으로 함수 $y=f(x)$에서

$$y=ax+b\ (a,\ b\text{는 상수},\ a\neq 0)$$

와 같이 y가 x에 대한 일차식으로 나타날 때, 이 함수를 x에 대한 **일차함수**라고 합니다.

1 **지하철을 이용하려고 하는데 너무 많은 계단 앞에서 한숨이 저절로 나옵니다. 하지만 계단에 적힌 숫자들을 보니 계단을 오르면 건강도 좋아지고 다이어트에도 도움이 될 것 같습니다. 한나는 계단을 오르기 전, 아이스크림으로 150 kcal의 열량을 섭취했습니다. 한 계단을 올라갈 때마다 0.15 kcal가 소모된다고 하는데 아이스크림으로 섭취한 열량에서 소모되고 남은 열량을 구하려고 합니다. 다음을 함께 탐구해 보자.**

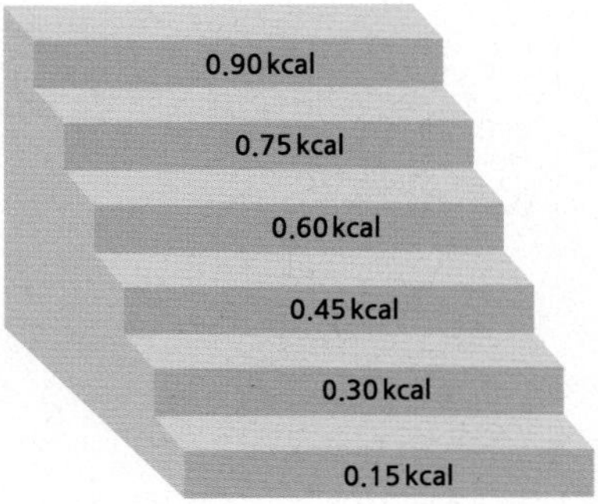

(1) 한나가 100계단을 올랐을 때 남은 열량은 얼마인지 구해 보자. 또한 몇 계단을 올라갔을 때 열량이 모두 소모되는지 구해 보자.

(2) 한나가 올라간 계단의 개수(x)와 남은 열량(y)의 변화 관계를 표와 그래프와 식으로 모두 나타내 보자.

〈표〉

계단의 수(x개)	0					…
남은 열량(y kcal)	150					…

〈그래프〉

〈식〉

2 ▶ 1 에서 y가 x에 대한 일차함수인지 판단하고 그렇게 생각한 이유를 써보자.

나의 생각	모둠의 의견

3 다음은 일차함수에 대한 친구들의 생각입니다. 이 생각이 참인지 거짓인지 판단하고, 그 이유를 써보자.

(1) **세인**

아래 표에서 보면 x에 2배를 하면 y가 되므로 y는 $2x$, 즉 $y=2x$로 표현할 수 있어. 그런데 이 식은 $y=ax+b$의 꼴에서 b의 값이 없으므로, 정비례 관계의 식이지만 일차함수는 아닌 것 같아.

x	1	2	3	4	5	6	7	8	…
y	2	4	6	8	10	12	14	16	…

판단	그렇게 생각한 이유
(참, 거짓)	

(2) **지수**

아래 표에서 보면 x의 값이 1씩 늘어날 때마다 y의 값은 1씩 줄어들고 있으니까, 이것은 일차함수가 아닐거야.

	+1	+1	+1	+1	+1	+1	+1		
x	1	2	3	4	5	6	7	8	…
y	10	9	8	7	6	5	4	3	…
	−1	−1	−1	−1	−1	−1	−1		

판단	그렇게 생각한 이유
(참, 거짓)	

개념과 원리 탐구하기 5

세인, 민주, 한나, 지수, 주원이는 국립고궁박물관을 돌아 보다가 세 개의 큰 항아리가 올려져 있고 앞에는 원기둥 모양의 물받이 통으로 이루어진 문화재를 보았습니다. 세 개의 큰 항아리는 파수호라 하고, 물이 흘러가는 원리를 이용한 이 문화재의 이름은 '자격루'였습니다. 이것은 물시계로, 2시간마다 시간을 알리는 장치였다고 합니다.

자격루는 맨 위쪽에 있는 큰 물통에서 차례로 아래쪽에 있는 작은 물통과 원통형의 물받이 통으로 일정한 양의 물이 흘러가도록 제작되었습니다. 물받이 통에 물이 고이면 그 위에 떠 있는 잣대가 점점 올라가 일정 시간마다 쇠구슬을 굴리고 이것이 소리를 내게 하여 시계의 역할을 할 수 있었습니다.

1 **친구들과 함께 세 개의 페트병을 빨대로 연결하여 자격루의 모양을 만들었습니다. 자격루를 이용한 물실험에서 민주는 각 페트병의 물의 높이를 10초 단위로 측정하였습니다. 다음을 함께 탐구해 보자.**

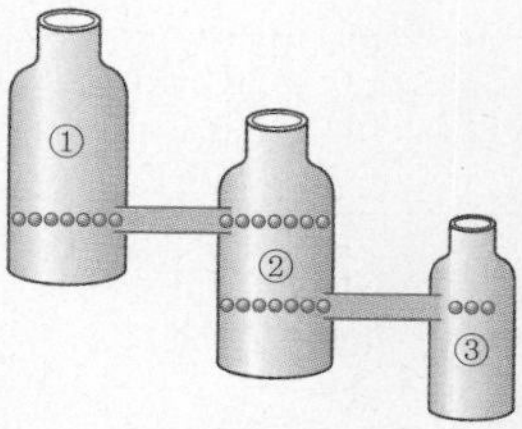

〈옆에서 본 모양〉

(1) ①번 페트병의 물의 높이

x(초)	0	10	20	30	40	50	60	70	80	…
y (cm)										

(2) ②번 페트병의 물의 높이

x(초)	0	10	20	30	40	50	60	70	80	…
y(cm)										

(3) ③번 페트병의 물의 높이

x(초)	0	10	20	30	40	50	60	70	80	…
y(cm)										

2 **이 실험값에서 변수 x, y는 무엇을 나타내는지 써보자.**

3 **위의 세 가지 실험 결과를 좌표평면 위에 점을 찍어 나타낸 후 두 변수 사이의 관계를 설명해 보자. 이때 좌표축을 그리고, 한 칸의 눈금은 필요에 맞게 설정하자. (단, 각각의 실험 결과를 나타내기 위해서 서로 다른 색의 펜을 사용하자.)**

4 그래프에서 점들을 이으면 직선이 될까요? 자신의 추측에 ○표시를 하고, 그렇게 생각한 이유를 써보자.

①번 페트병의 물의 높이 변화를 나타내는 그래프는 직선이 될 수 (있다, 없다).

왜냐하면 --

②번 페트병의 물의 높이 변화를 나타내는 그래프는 직선이 될 수 (있다, 없다).

왜냐하면 --

③번 페트병의 물의 높이 변화를 나타내는 그래프는 직선이 될 수 (있다, 없다).

왜냐하면 --

5 ③번 페트병에서 만약 80초에서의 물의 높이를 안다면, 90초에서의 물의 높이도 알 수 있을까? '현재의 물의 높이'와 '10초 후의 물의 높이'의 관계를 글로 표현해 보자.

6 이 실험에서 각각의 변수 x와 y는 일차함수 관계인지 생각하고 자신의 주장에 대해 이유를 논리적으로 써보자.

탐구 되돌아보기

1 다음은 탐구하기 1에서 학생들이 만든 함수의 예입니다. y가 x의 함수인 것을 찾아보자.

[보기]

ㄱ. 자연수 x의 배수 y
ㄴ. 우리 반에서 x월에 태어난 학생 수 y명
ㄷ. 종이컵 1개를 생산하는 데 발생하는 이산화탄소의 양이 11g일 때, 종이컵 x개를 생산하는 데 발생하는 이산화탄소의 양 yg
ㄹ. 10원마다 1포인트를 적립해 주는 가게에서 x원의 물건을 구입했을 때 적립되는 y포인트

2 친구들이 함께 다니다가 보도블럭에 다음과 같은 패턴이 있다는 것을 발견했습니다. 그림의 순서를 x, 보도블럭의 개수를 y라고 할 때, 다음을 함께 탐구해 보자.

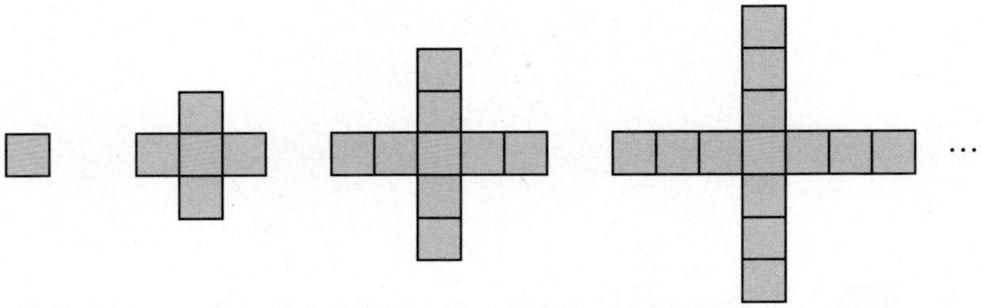

[그림 1] [그림 2] [그림 3] [그림 4] …

(1) y는 x의 일차함수인지 판단하고 그 이유를 써보자.

(2) $y=f(x)$라고 할 때, $f(x)$를 구해 보자.

(3) $f(100)$을 구해 보자.

3 다음은 표, 그래프, 함수식을 이용하여 함수 관계를 표현한 것입니다. 일차함수인지 아닌지를 판단하고 그 이유를 써보자.

(1)

시간(초)	거리(m)
0	0
1	1
2	5
3	12
4	22
5	35

판단	이유
일차함수(이다, 아니다).	

(2)

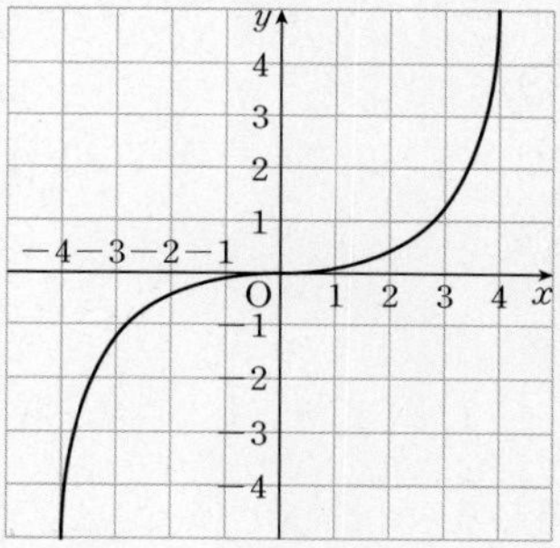

판단	이유
일차함수(이다, 아니다).	

(3) $y=\frac{1}{2}x+4$

판단	이유
일차함수(이다, 아니다).	

4 다음은 여러 친구들이 걸은 시간과 속력을 표 또는 함수식으로 나타낸 것입니다. 다음 중 일차 함수를 고르고 그렇게 생각한 이유를 써보자.

(1)

시간 (초)	거리 (m)
0	0
1	2
2	9
3	11
4	20
5	25

(2)

시간 (초)	거리 (m)
0	0
2	3
4	6
6	9
8	12
10	15

(3) 걸은 시간을 x, 걸은 거리를 y라고 할 때

$$y=2.5x$$

(4) 걸은 속력을 x, 걸은 시간을 y라고 할 때

$$y=\frac{100}{x}$$

5 함수 $\boldsymbol{y=f(x)}$의 그래프가 오른쪽 그림과 같을 때, 다음을 각각 구해 보자.

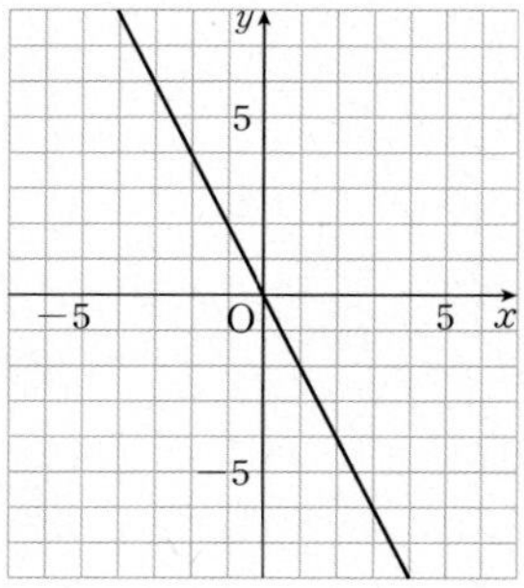

(1) $y=f(x)$일 때, $f(x)$를 구해 보자.

(2) 함숫값 $f(-1)$, $f(0)$, $f(1)$

(3) 함숫값 $f(50)$

6 육상선수인 채빈이는 여름철 땀 때문에 머리가 젖는 것이 싫어서 머리를 짧게 자르기로 했습니다. 그런데 채빈이는 머리를 다 자르고 나서 깜짝 놀랐습니다.
"세상에, 이렇게 짧다니~."
채빈이는 다시 머리를 기르기로 하고 다음과 같이 표를 만들어서 매달 같은 날, 같은 위치에 있는 머리카락의 길이를 측정해서 정리했습니다. 빈칸에 예측되는 값을 써보자. (단, 한 달은 30일로 합니다.)

시간(달)	0	1	2	3	4	5	6	7	8
길이(cm)	3.6	5.2	6.8	8.4					

(1) 머리카락을 계속 기른다면 1년 후의 머리카락의 길이는 얼마가 될지 구해 보자.

(2) 시간이 지남에 따라 채빈이의 머리카락의 길이가 어떻게 변하는지를 함수식으로 표현해보자.

(3) 채빈이의 머리카락의 길이가 30 cm 이상이 되려면 최소한 몇 달을 길러야 할지 (2)에서 얻은 식을 이용하여 구해 보자.

(4) 이 관계를 $f(x)$의 식으로 표현하고, $f(30)$의 값을 구해 보자.

내가 만드는 수학 이야기

7 시계는 초침, 분침, 시침, 그리고 12개의 숫자로 이루어져 있고, 각각의 변화는 서로에게 영향을 줍니다. 이 단원에서 배운 용어를 몇 개 이상 사용하여 시계에 관한 이야기를 만들어 보자.

용어

함수, 일차함수, 함숫값, $y=f(x)$, $f(x)$

제 목

2 서울 여행 2일차

서울 여행 2일차에는 친환경 생태 공원인 하늘공원에 가기로 했습니다. 하늘공원은 2002년 제17회 월드컵 축구 대회를 기념해 도시의 생활폐기물로 오염된 난지도 쓰레기 매립장을 자연생태계로 복원하기 위해 만든 공원입니다. 난지도의 2개 봉우리 가운데 하나에 조성된 공원으로 초지식물과 나무를 심어 자연생태계를 복원하여 만들었다고 합니다. 하늘공원 정상에 올라가려면 291개의 계단을 올라가야 합니다. 친구들과 함께 2일차 서울 여행을 하면서 직선이 되는 관계의 특징을 탐구해 볼까요?

이 단원에서는 우리 주변의 관계 중에서 특별히 직선이 되는 관계가 함수와 식으로 어떻게 표현이 가능한지를 발견하고 그 둘 사이의 특징을 탐구해 봅시다. 그리고 직선을 그래프와 식으로 표현하는 구체적인 방법을 알아봅시다.

/ 1 / 수로 표현하는 계단

개념과 원리 탐구하기 1

친구들과 하늘 계단을 오르려고 합니다. 그런데 경사가 가파른 계단은 낮은 계단보다 힘들었습니다. 계단의 가파른 정도, 즉 경사도를 수로 나타낼 수 있을까요? 미리 표지판에 적어둔다면 계단의 가파른 정도를 예상하여 오를지 말지를 결정할 수 있을 것입니다.

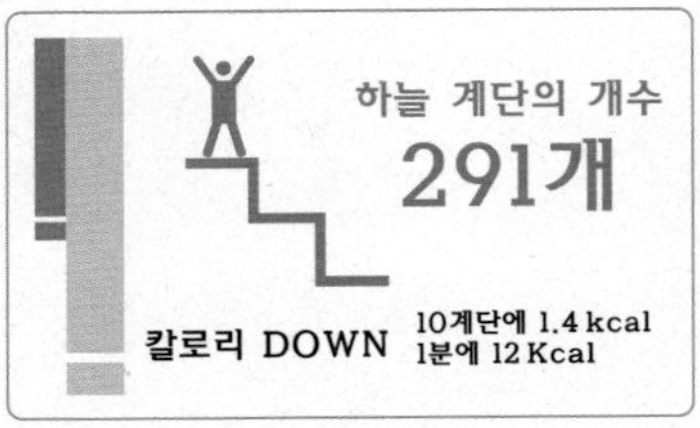

1 **아래 ①~③의 계단의 모양을 보고 다음을 함께 탐구해 보자.**

①

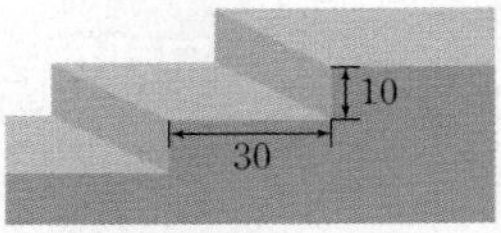

②

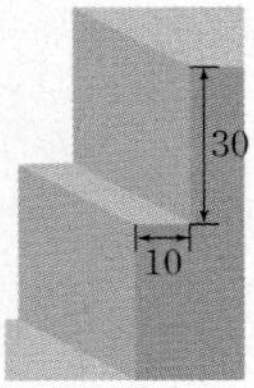

③

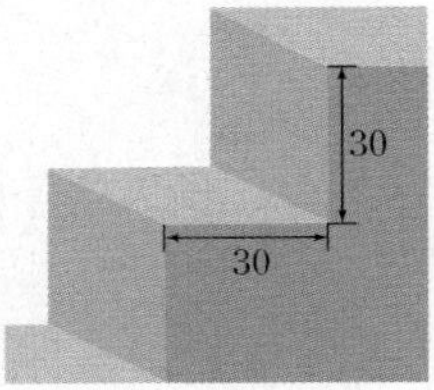

(1) 세 계단의 가파른 정도를 비교하여 말로 표현해 보자.

(2) 계단의 너비와 높이를 이용하여 계단의 가파른 정도를 비율로 나타내고, 이 비율이 가파른 정도를 잘 표현하는지 의견을 써보자.

구분	가파른 정도를 나타내는 비율
계단 ①	
계단 ②	
계단 ③	

2

언덕길에 보면 다음과 같은 표지판을 볼 수 있습니다. 아래 모눈종이에 경사로 비율대로 오르막 언덕과 내리막 언덕을 각각 그리고, 왜 그렇게 그렸는지 설명해 보자.

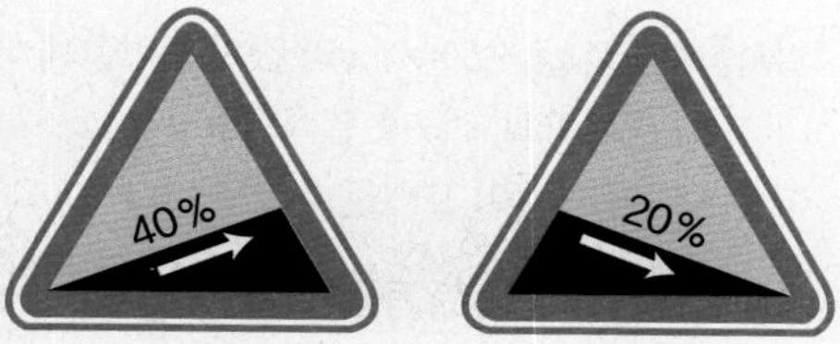

3

다음 일차함수의 그래프가 기울어진 정도를 구하고, 어떻게 구했는지 써보자.

(1)

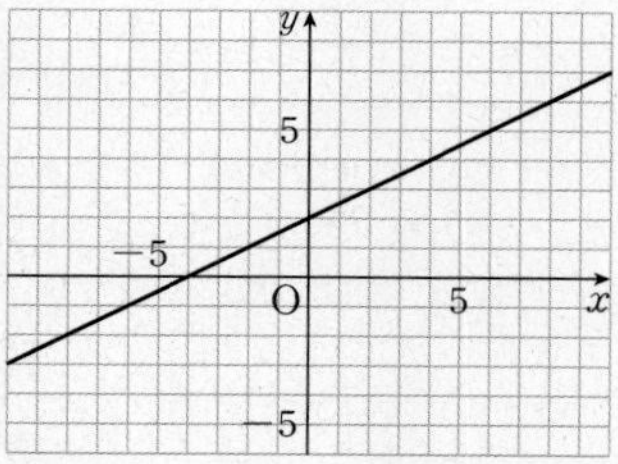

(2)

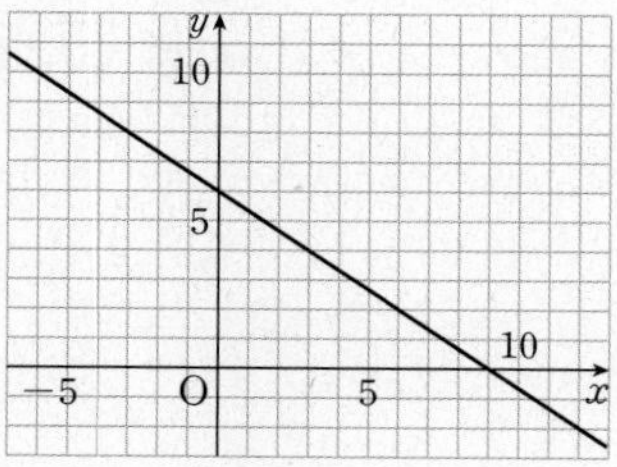

개념과 원리 탐구하기 2

일차함수 $y=ax+b$에서 x의 값의 증가량에 대한 y의 값의 증가량의 비율은 항상 일정합니다. 이 증가량의 비율을 일차함수 $y=ax+b$의 그래프의 **기울기**라고 합니다.
이것은 다음과 같이 표현할 수 있습니다.

$$(\text{기울기})=\frac{(\text{수직 변화량})}{(\text{수평 변화량})}=\frac{(y\text{의 값의 증가량})}{(x\text{의 값의 증가량})}$$

1 **다음은 일차함수 $y=f(x)$에서 변수 x와 y의 관계의 일부를 표로 나타낸 것입니다. 다음을 함께 탐구해 보자.**

x	-1	0	1	2	3	4
y	-2	1	4	7	10	13

(1) 이 관계를 그래프로 나타내고 직선의 기울기를 구해 보자.

(2) 표와 그래프에서 각각 기울기를 어떻게 알 수 있는지 써보자.

나의 생각	모둠의 의견
표	표
그래프	그래프

(3) 주어진 표나 그래프를 이용하여 함수식 $f(x)$를 구하고, 그 함수식에서 그래프의 기울기는 어떻게 알 수 있을지 추측해 보자.

2 **일차함수 $y=ax+b$의 기울기가 a가 되는 이유를 써보자.**

개념과 원리 탐구하기 3

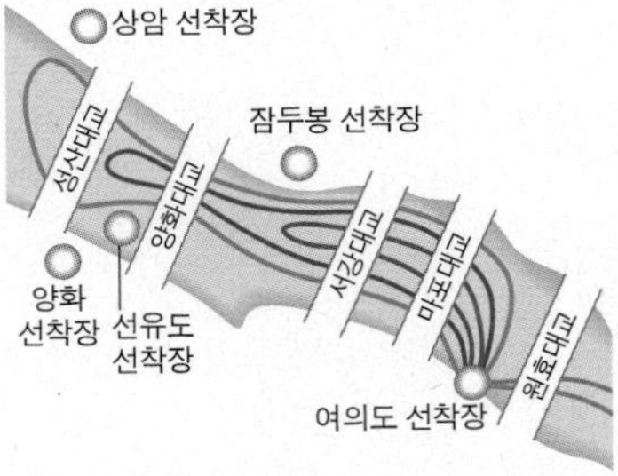

여의도 선착장

회항코스(출발한 선착장으로 돌아오는 코스)
스토리 크루즈, 달빛 크루즈: 여의도-당산철교-여의도
한강 투어 크루즈: 여의도-잠수봉-상암-양화-선유도-여의도
런치 크루즈: 여의도-성산대교-여의도
뮤직 크루즈, 디너 크루즈: 여의도-반포대교-여의도

1 **여의도 선착장에서 이용할 수 있는 한강 유람선의 운항코스는 총 4가지입니다. 여행팀은 4가지 중 여의도를 출발하는 스토리 크루즈를 선택했습니다. 스토리 크루즈의 총 운항 거리는 8 km이고 배의 속력은 0.2 km/분입니다. 출발 후 x분이 지났을 때, 남은 운항 거리를 y km라고 하면 다음과 같은 그래프를 그릴 수 있습니다.**

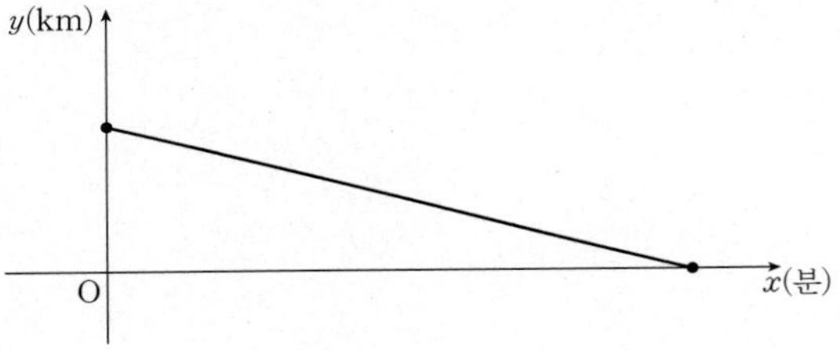

(1) 이 그래프가 x축과 만나는 점의 좌표를 구하고, 그 점의 의미를 상황과 연결지어 설명해 보자.

(2) 이 그래프가 y축과 만나는 점의 좌표를 구하고, 그 점의 의미를 상황과 연결지어 설명해 보자.

(3) 두 변수 x, y 사이의 함수식을 구해 보자. (1)과 (2)를 이 함수식을 이용하여 어떻게 구할 수 있을지 생각해 보자.

x절편과 y절편의 뜻은 다음과 같습니다.

(1) $\boldsymbol{x}$**절편** : 그래프와 x축이 만나는 점의 x좌표

(2) $\boldsymbol{y}$**절편** : 그래프와 y축이 만나는 점의 y좌표

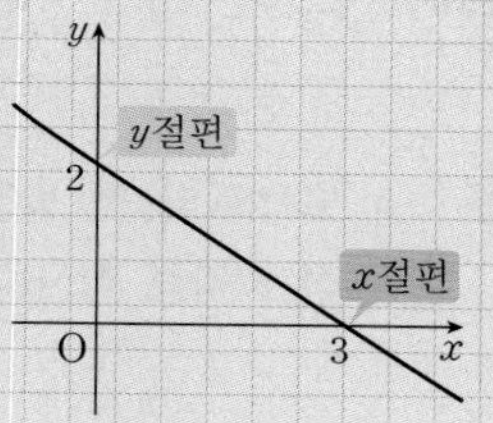

➡ x절편 : 3

y절편 : 2

2 **1** **에서** $\boldsymbol{x}$**절편과** $\boldsymbol{y}$**절편을 구하고 함수식을 이용하여 각 절편을 어떻게 구할 수 있는지 설명해 보자.**

나의 생각	모둠의 의견

3 $\boldsymbol{y}$**절편은 그래프와** $\boldsymbol{y}$**축이 만나는 점의** $\boldsymbol{y}$**좌표입니다. 일차함수** $\boldsymbol{y=ax+b}$**에서 왜** $\boldsymbol{b}$**가** $\boldsymbol{y}$**절편인지 설명해 보자.**

개념과 원리 탐구하기 4

1 한 도형을 일정한 방향으로 일정한 거리만큼 옮기는 것을 **평행이동**이라고 합니다. 아래의 그림은 점, 사각형, 직선을 일정한 방향으로 평행이동한 모습을 나타낸 것입니다.

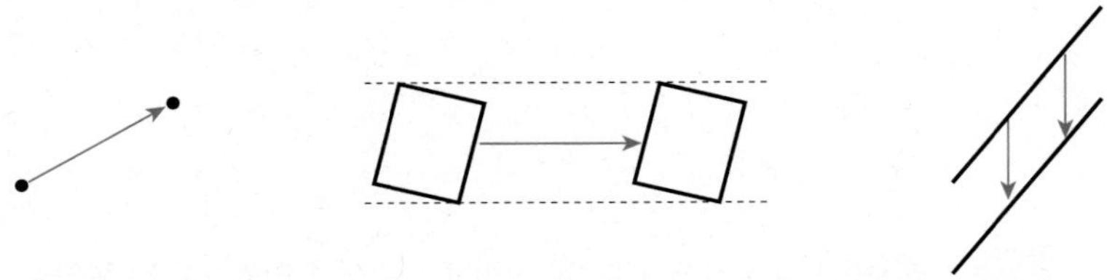

(1) 다음 직선 ㉠, ㉡ 각각에 평행한 직선을 2개씩 그리고 평행이동한 방법을 설명해 보자.

㉠ $y=3x$

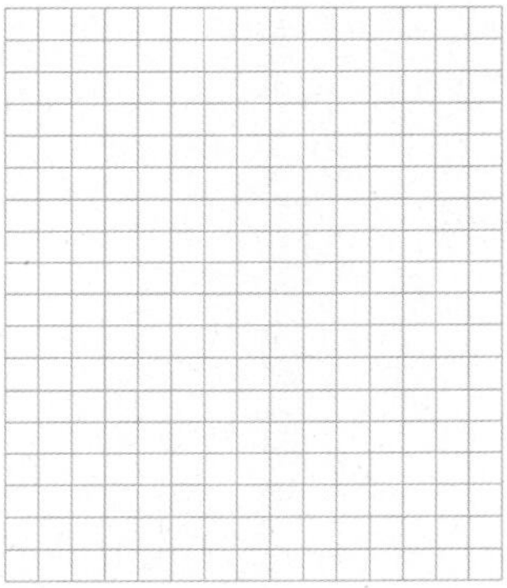

㉡ $y=-2x$

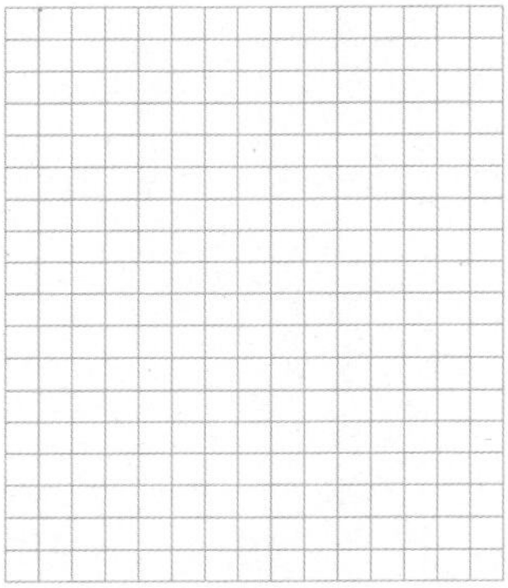

(2) 평행이동을 했을 때, 식이 어떻게 달라졌는지 관찰하여 써보자.

2 일반적으로 평행이동을 다음과 같이 표현합니다.

㉠ y축의 방향으로 $+3$만큼 또는 -3만큼 평행이동했다.

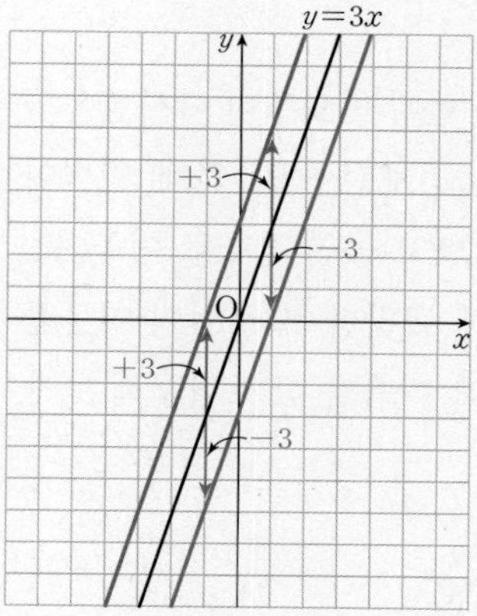

㉡ x축의 방향으로 $+3$만큼 또는 -3만큼 평행이동했다.

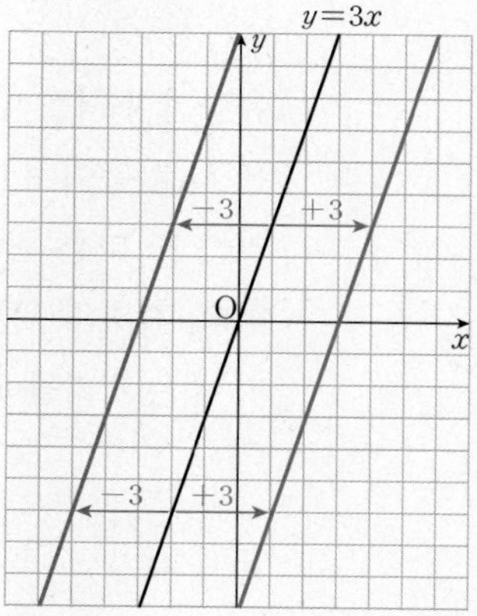

(1) 일차함수 $y=-3x-4$의 그래프를 y축의 방향으로 $+3$만큼 평행이동한 그래프를 그리고, 그 그래프를 이용하여 식을 구해 보자.

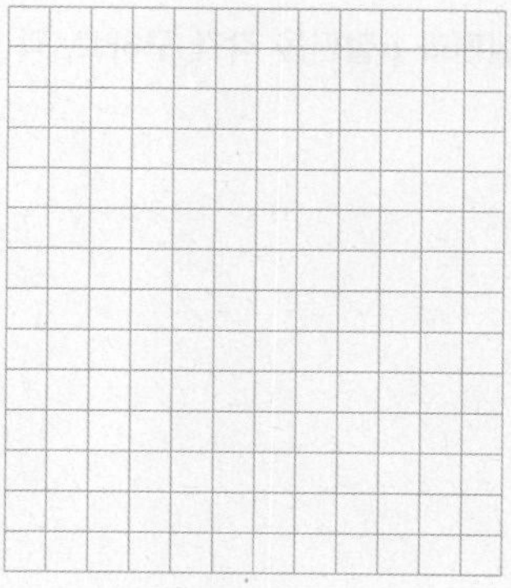

(2) 일차함수 $y=2x-4$의 그래프를 x축의 방향으로 $+3$만큼 평행이동하면 y축의 방향으로는 얼마만큼 평행이동한 것인지 그래프를 그려 설명해 보자.

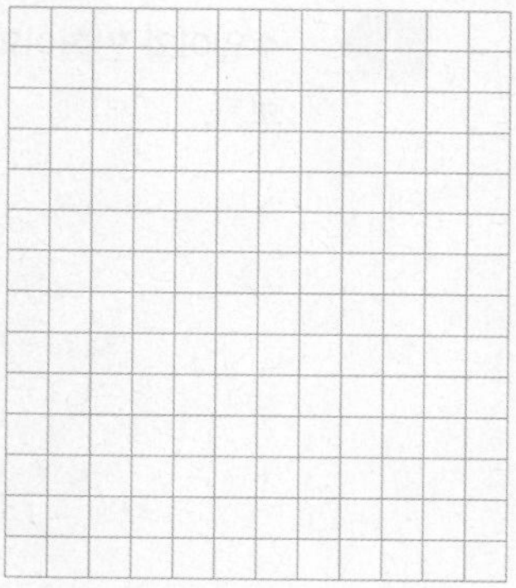

3 서로 평행인 직선의 식을 3개 이상 만들어 보자.

/ 2 / 직선 코스로 가 보자

개념과 원리 탐구하기 5

유람선 투어를 마친 친구들은 한강 밤도깨비 야시장을 구경 중입니다. 아래의 그림은 서로 흩어져서 야시장을 둘러보던 수일, 인애, 인혁이가 버스킹 공연 시작을 알리는 또 다른 친구의 문자를 받고 공연 장소로 이동하는 모습을 나타낸 그래프입니다. 각자의 위치에서 동시에 출발한 세 사람이 이동한 시간을 x분, 공연 장소까지 남은 거리를 y m라고 할 때, 다음을 함께 탐구해 보자.

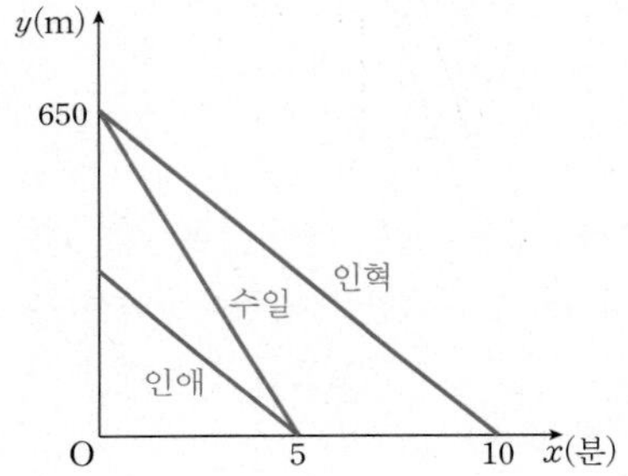

1 **수일이와 인혁이의 그래프에서 x절편과 y절편을 각각 구하고, 각 절편에 맞는 상황을 설명해 보자.**

2 **인애와 인혁이의 그래프가 서로 평행합니다. 이때 인애의 그래프의 y절편을 구하고, 구한 방법을 써보자.**

개념과 원리 탐구하기 6

1 다음 함수식에 알맞은 [보기]의 그래프의 기호를 (　　) 안에 써넣고, 그 이유를 설명해 보자.

(1) $y=\frac{2}{5}x+1$ (　　)　　(2) $y=-3x-1$ (　　)　　(3) $y=\frac{1}{2}x-2$ (　　)

[보기]

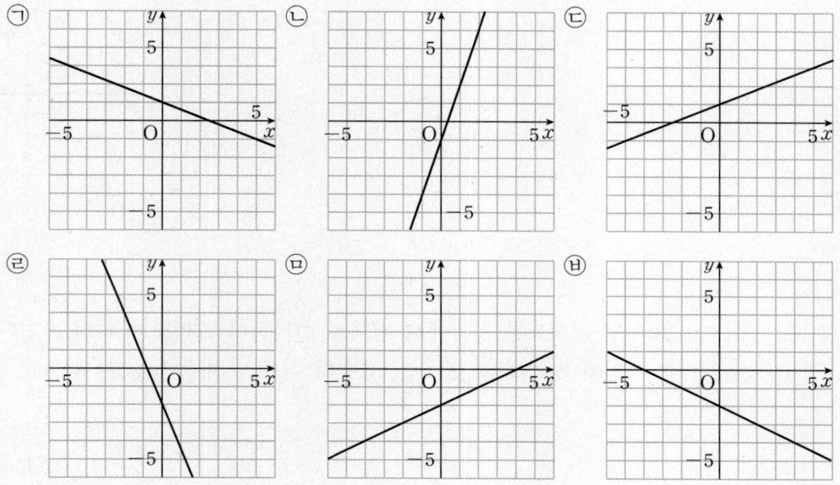

2 [보기]의 일차함수 중 하나를 선택하여 다음을 함께 탐구해 보자.

[보기]

㉠ $y=\frac{2}{3}x-1$　　㉡ $y=-2x+1$　　㉢ $y=-\frac{1}{5}x+2$

(1) 그래프를 그려 보자.

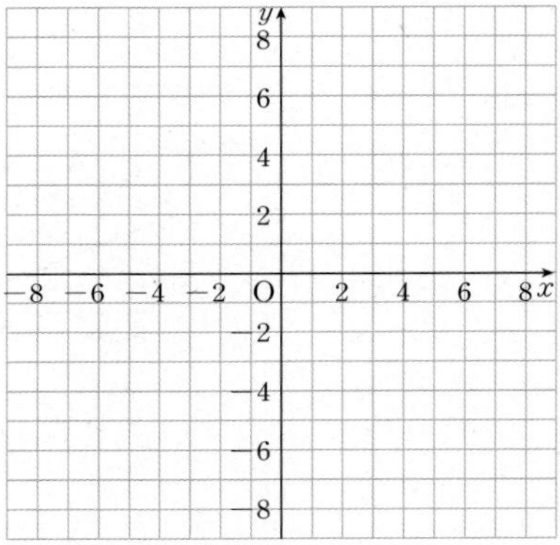

(2) 위 그래프를 친구에게 전화로 설명하여 그리도록 하려고 합니다. 어떻게 설명할 것인지 정리해 보자. (단, 함수의 식은 알려주지 않습니다.)

나의 생각	모둠의 의견

(3) (2)에서 모둠의 설명 중 하나를 선택하여 그래프를 그리고 함수식을 구해 보자.

• 선택한 모둠:

• 함수식 :

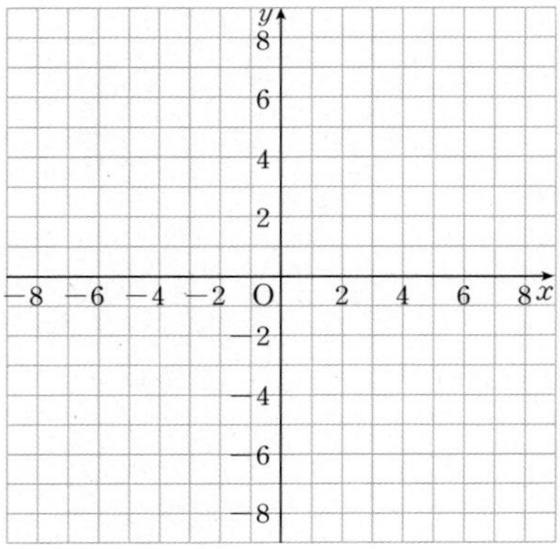

개념과 원리 탐구하기 7

1 **다음 표에 있는 점들을 좌표평면 위에 나타내면 모두 한 직선 위에 있습니다.**

(1) 빈칸을 채우고 어떻게 채웠는지 설명해 보자.

x	1	2	5	9	10	
y	-1		7		17	27

(2) (1)에서 구한 점들이 일차함수의 그래프의 일부라고 할 때, 그 일차함수의 식을 구하고, 구한 방법을 설명해 보자.

개념과 원리 탐구하기 8

1 **다음은 친구들이 여러 가지 방법으로 일차함수의 그래프를 그린 것입니다. 세 친구 성현, 혁, 영준이가 그린 방법을 (1)~(3)에서 찾아 연결하고 각 친구가 그린 일차함수의 식을 구해 보자.**

성현 나는 y절편을 찾고, 기울기를 이용하여 또 한 점을 찾아 직선으로 연결했어. •

• (1)

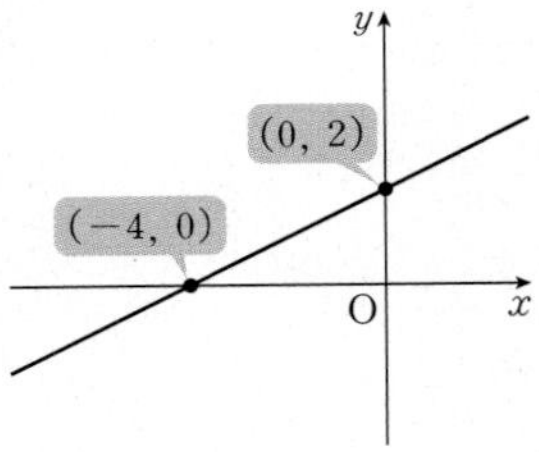

혁 나는 일차함수의 그래프의 x절편과 y절편을 찾아 그 두 점을 직선으로 연결했어. •

• (2)

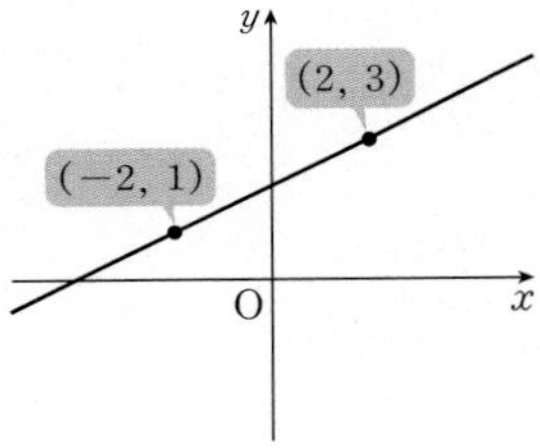

영준 나는 일차함수의 그래프가 지나는 두 점을 아무거나 찾아서 그 두 점을 직선으로 연결했어. •

• (3)

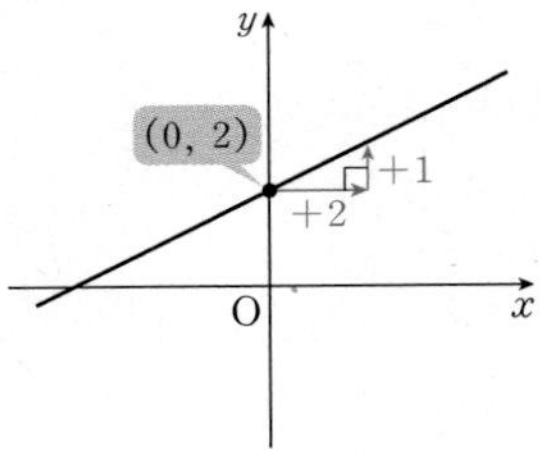

2 어떤 함수의 그래프가 점 $(3, 5)$와 점 $(-2, 10)$을 지나는 직선입니다. 이 직선이 지나는 다른 점들을 두 개 이상 더 찾고, 어떻게 구했는지 설명해 보자.

3 두 점을 지나는 직선은 오직 하나입니다. 이것을 이용하여 일차함수의 그래프를 그리는 방법을 정리해 보자.

나의 생각	모둠의 의견

게임하며 탐구하기 9

1 **우리 학급은 가보고 싶은 서울의 명소를 9군데 정했습니다. 세 개의 모둠으로 나누어 한 모둠씩 일직선에 있는 3군데를 탐방합니다. 각 모둠은 서로 다른 장소로 가기로 하였습니다.**

(1) 3개의 직선을 그려서 9개의 점을 모두 지나도록 하려고 합니다. 3개의 직선을 그려서 탐방 코스를 만들어 보자.

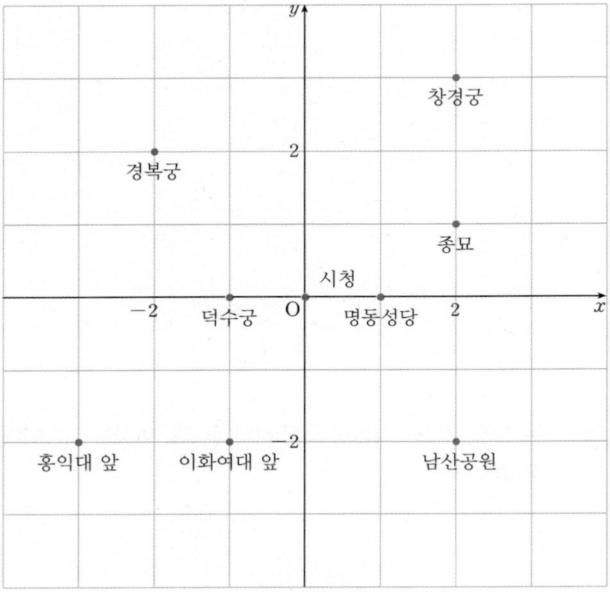

(2) 각 모둠의 탐방 코스를 일차함수의 식으로 표현해 보자.

탐구 되돌아보기

1 다음은 세 친구가 경사도가 40 %인 언덕을 그린 것입니다. 이것이 제대로 그려진 것인지 판단하고, 그렇게 생각한 이유를 기울기와 관련지어 설명해 보자.

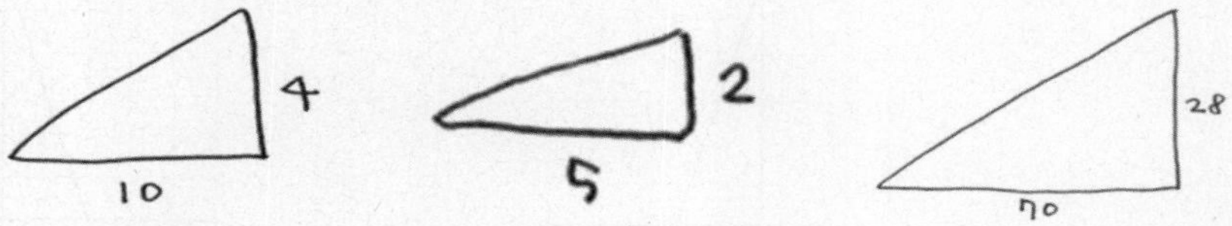

〈현주의 그림〉 〈태훈이의 그림〉 〈지현이의 그림〉

2 다음 그래프를 직선의 기울기가 가장 큰 것부터 순서대로 나열해 보자.

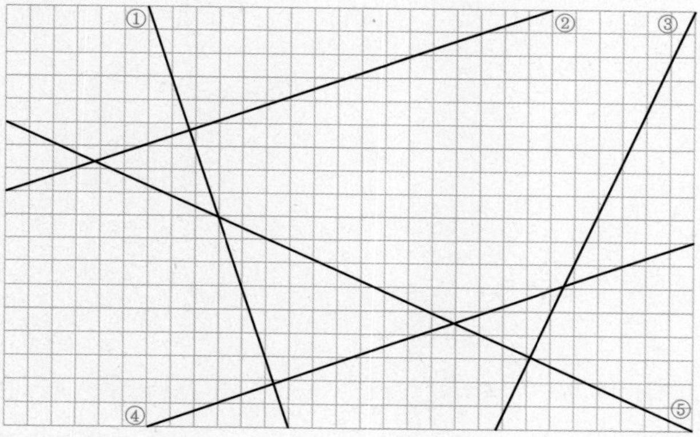

3 다음은 변수 x와 y의 관계를 그래프, 표, 함수식으로 나타낸 것입니다. 기울기와 y절편을 구해 보고 (1)~(4)까지 각각의 그래프나 표로 나타난 두 변수의 관계를 함수식으로 나타내 보자.

(1)

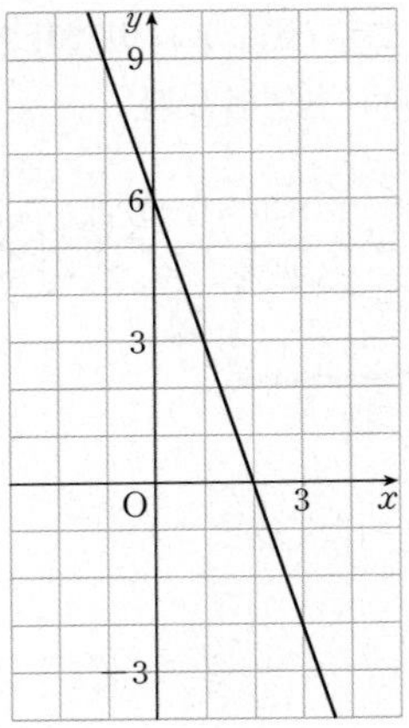

(2)

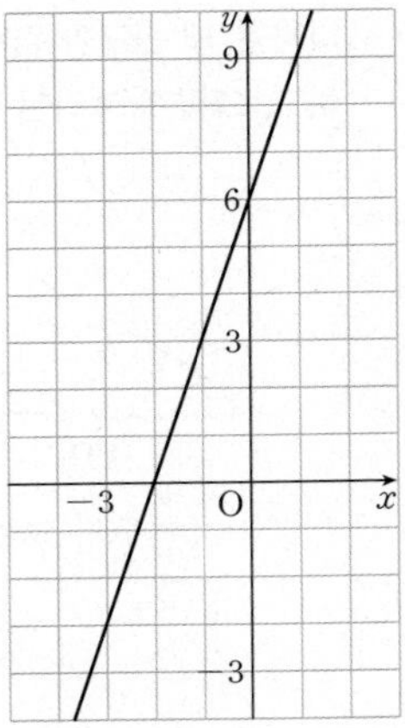

(3)

x	-6	-4	-2	0	2	4
y	-10	-7	-4	-1	2	5

(4)

x	1	2	3	4	5	6
y	4.5	4.0	3.5	3	2.5	2.0

(5) $y=\frac{5}{2}x+5$

(6) $y=-3x+20$ (또는 $y=20-3x$)

4 오른쪽 그래프에서 다음과 같이 주어진 상황의 기울기가 달라지면 x절편과 y절편은 어떻게 달라질지 추측하고 설명해 보자.

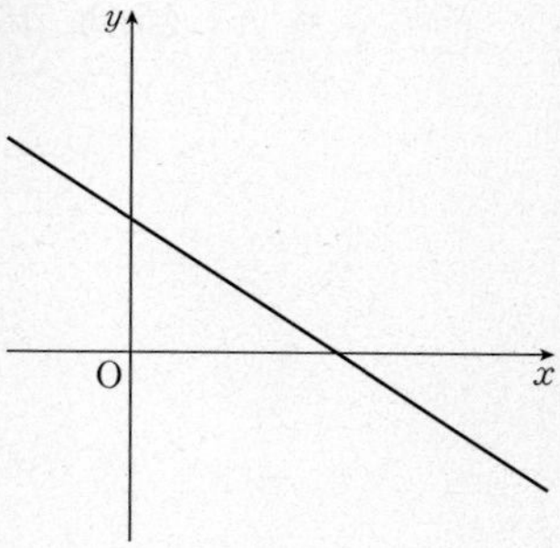

(1) x절편을 고정했을 때

(2) y절편을 고정했을 때

5 다음 지아와 효민이의 대화를 보고 물음에 답해 보자.

지아 일차함수 $y=-2x+4$의 그래프의 x절편을 구하기 위해 이 식에 $y=0$을 대입했어.

효민 왜 x절편을 구하는데 $y=0$을 대입하는 거야?

지아 x축 위의 점은 y좌표가 0이니까 그렇지.

효민 왜 x축 위의 점은 y좌표가 0이야?

x축 위의 점의 y좌표가 0인 것을 잘 모르는 효민이를 설득하는 글을 써보자.

6 정비례 그래프와 일차함수의 그래프의 같은 점과 다른 점은 각각 무엇인지 써보자.

같은 점	다른 점

7 일차함수 $y=-\frac{3}{2}x+6$의 그래프를 그리고 이 그래프를 설명하는 문장을 다양하게 만들어 보자.

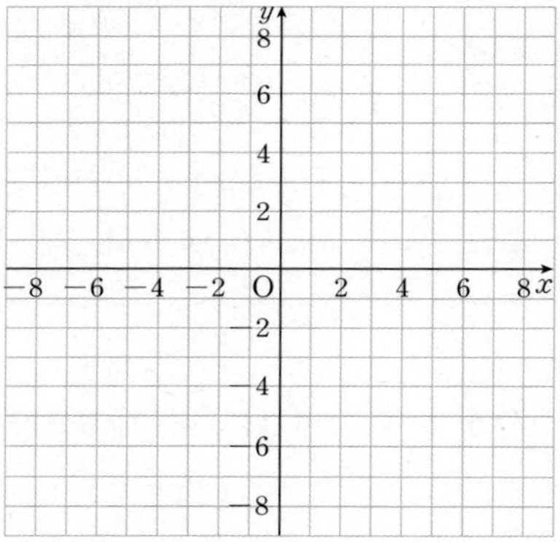

예) 그래프는 점 $(2, 3)$을 지난다.

-
-
-
-
-

8 **똑같은 크기의 두 수영장 A와 B가 있습니다. 각 수영장에서는 일정한 속도로 물이 빠지는 펌프를 사용하여 물을 빼는데, 4분마다 수면의 높이가 30 cm씩 낮아진다고 합니다. 현재 두 수영장 A와 B의 수면의 높이가 각각 120 cm, 105 cm일 때, 다음을 함께 탐구해 보자.**

(1) 펌프를 사용하여 동시에 두 수영장 A와 B의 물을 빼기 시작했습니다. x분 후 A와 B의 수면의 높이를 y cm라고 할 때, A와 B 각각에 대하여 x와 y 사이의 관계를 일차함수의 식으로 나타내 보자.

구분	관계식
수영장 A	
수영장 B	

(2) (1)에서 구한 두 일차함수의 그래프의 x절편과 y절편을 구해 보자.

구분	x절편	y절편
수영장 A		
수영장 B		

(3) (2)에서 구한 x절편과 y절편을 이용하여 두 수영장 A와 B 각각에 대하여 x와 y 사이의 관계를 나타내는 그래프를 그려 보자. 그래프를 그릴 때에는 구별할 수 있도록 두 가지 색을 사용하자.

9 **요즘은 해외에 나가지 않아도 해외상품을 해외사이트에서 직접 구매할 수 있습니다. 그런데 옷이나 신발을 구입할 경우, 사이즈의 표기 방법이 나라마다 달라 유의해야 합니다. 다음은 남성 신발을 기준으로 한 세 나라의 신발 사이즈 표입니다.**

한국(mm)	260	265	270	275	280	285	290
미국(size)	8	8.5	9	9.5	10	10.5	11
영국(size)	7.5	8	8.5	9	9.5	10	10.5

(1) 한국, 미국, 영국의 신발 사이즈 중 서로 일차함수의 관계가 있다고 할 수 있는 것을 모두 고르고, 그 이유를 설명해 보자.

(2) 아래 그림과 같이 한국의 신발 사이즈(K)를 입력하면 그 크기와 동일한 미국의 신발 사이즈(U)와 영국의 신발 사이즈(E)를 알려주는 프로그램을 만들려고 합니다. ★과 ♥에 들어갈 식을 구해 보자.

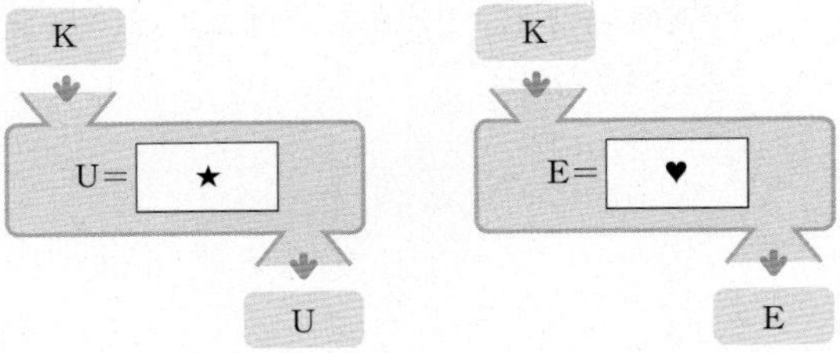

(3) (2)에서 찾은 사이즈 변환 식을 만족하는 값들을 이용하여 그래프를 그린다면, 두 그래프 사이에는 어떤 관계가 있는지 설명해 보자.

내가 만드는 수학 이야기

10 일차함수로 표현할 수 있는 상황을 다음 용어 중 몇 개를 이용하여 이야기로 만들어 보고 그래프와 식을 이용하여 나타내 보자.

| 용어 |

함수, 일차함수, 함숫값, 평행이동, x절편, y절편

제 목

개념과 원리 연결하기

1 기울기를 $\frac{(y\text{의 값의 증가량})}{(x\text{의 값의 증가량})}$으로 구하고, $\frac{(x\text{의 값의 증가량})}{(y\text{의 값의 증가량})}$으로 구하지 않는 이유가 무엇인지 생각해 보자.

나의 첫 생각

다른 친구들의 생각

정리된 나의 생각

2 일차함수의 개념을 정리해 보자.

(1) 이 단원에서 알게 된 일차함수의 뜻과 성질, 법칙 등을 모두 정리해 보자.

(2) 일차함수와 연결된 개념을 복습해 보자. 그리고 제시된 개념과 일차함수 사이의 연결성을 찾아 모둠에서 함께 정리해 보자.

일차함수와 연결된 개념

- 규칙 찾기
- 정비례
- 함수와 함숫값
- 일차함수

일차함수와 관련 개념 사이의 연결성

수학 학습원리 완성하기

현주는 다음과 같은 방법으로 2 탐구하기 2 1 을 해결하기 위한 자기 사고 과정을 설명했습니다.

내가 선택한 문제

1 다음은 일차함수 $y=f(x)$에서 변수 x와 y의 관계의 일부를 표로 나타낸 것입니다.

x	-1	0	1	2	3	4
y	-2	1	4	7	10	13

(1) 이 관계를 그래프로 나타내고 직선의 기울기를 구해 보자.

(2) 표와 그래프에서 각각 기울기를 어떻게 알 수 있는지 써보자.

현주의 깨달음

표를 그래프로 나타내면 직선이 된다. 표에서 이 기울기를 어떻게 구할 수 있을까?
나는 처음에 기울기니까 $\frac{y}{x}$를 구하면 된다고 생각했다. 그런데 $\frac{y}{x}$는 $\frac{-2}{-1}=-2$, $\frac{4}{1}=4$ 하나의 값이 아니라 값이 여러 개였다.
그런데 민정이가 점 한 개가 아니라 점 두 개를 선택하여 빼는 과정을 보여주었다. x가 1 증가할 때 y가 얼마씩 증가하는가를 보기 위해서는 점이 두 개 필요하다고 했고 (1, 4)와 (2, 7) 두 개를 선택하여 $\frac{7-4}{2-1}=3$이 기울기라고 설명해 주었다. 그러고 보니 y값은 -2, 1, 4, 7, 10, 13과 같이 x가 1 증가할 때마다 일정하게 3씩 증가하고 있었다.
처음에는 증가량이라는 것이 무엇인지 몰랐고 단순하게 $\frac{y}{x}$라고만 생각했는데, x가 1 증가할 때마다 y가 얼마나 증가하는지를 알아보려면 최소한 두 점이 필요하다는 것을 알게 되었다. 또 여러 개의 점에서 이 값을 구해 보면 기울기가 일정한지 그렇지 않은지 알 수 있다는 것도 알게 되었다.

수학 학습원리

학습원리 4. 수학적 의사소통 능력 기르기

1 현주의 설명에서 여러분은 다른 수학 학습원리를 발견할 수 있는지 찾아보자.

2 현주가 한 것처럼 여러분들도 이 단원의 다른 문제를 선택하여 해결하는 사고 과정을 설명하고 사용한 수학 학습원리를 찾아보자.

내가 선택한 문제

나의 깨달음

수학 학습원리

수학 학습원리

1. 끈기 있는 태도와 자신감 기르기
2. 관찰하는 습관을 통해 규칙성 표현하기
3. 수학적 추론을 통해 자신의 생각 설명하기
4. 수학적 의사소통 능력 기르기
5. 여러 가지 수학 개념 연결하기

STAGE 4

동시에 만족하는 값을 구해 보자

1 모르는 수가 두 개

/ 1 / 몇 개를 사야할까

/ 2 / 다르면서 같은 것을 찾아라

2 축제 준비

/ 1 / 판매 행사 계획하기

/ 2 / 몇 개나 팔았을까

프로그래머

프로그래머는 문제를 해결하는 원리와 방법들을 설계하고 이를 컴퓨터에 입력합니다. 프로그래밍된 컴퓨터는 복잡한 작업을 간단하게 끝낼 수 있습니다. 방정식도 원리와 방법을 알면 쉽게 풀 수 있어요. 이번 단원에서 방정식 풀이를 도와주는 프로그래머 역할을 하는 방법을 공부해 보세요.

1 모르는 수가 두 개

일상생활에서 여러 가지 관계를 간단히 식으로 나타내면 문제를 쉽게 해결할 수 있습니다. 이때 두 가지 이상의 요소를 동시에 고려해야 하는 상황은 복잡해 보이지만 식을 만들면 복잡한 상황을 간결하게 해결할 수 있습니다. 모르는 수가 한 개인 식과 두 개인 식의 차이는 무엇일까요? 그리고 식에 이름을 붙일 때는 어떤 기준을 적용할까요?

이 단원에서는 미지수가 두 개인 방정식을 탐구하고 그 방정식의 이름과 뜻을 알아봅시다. 그리고 함수와 이 방정식은 어떤 관계가 있는지 확인해 봅시다.

/1/ 몇 개를 사야할까

개념과 원리 탐구하기 1

1 **한 봉지에 3개씩 들어있는 초콜릿과 2개씩 들어있는 초콜릿 두 종류가 있습니다. 다음을 함께 탐구해 보자.**

(1) 초콜릿을 총 20개를 사야할 때, 3개씩 들어있는 초콜릿과 2개씩 들어있는 초콜릿을 각각 몇 봉지씩 살 수 있을지 여러 가지 답을 구해 보자.

(2) 방정식을 정리하였을 때 (일차식)$=0$의 꼴로 나타내어지는 방정식을 일차방정식이라고 합니다. (1)에서 한 봉지에 3개씩 들어있는 초콜릿 봉지 수를 x, 2개씩 들어있는 초콜릿 봉지 수를 y라 하고 식을 만들어 보자.

- 식: ______
- 이 식은 일차방정식인가? (예, 아니오)

  — 그렇게 생각한 이유: ______

(3) (1)에서 구한 결과와 (2)의 식은 어떤 관계인지 설명해 보자.

개념과 원리 탐구하기 2

1 다음을 함께 탐구해 보자.

(1) 미지수가 2개인 일차방정식에서 방정식을 참이 되게 하는 x와 y의 값 또는 그 순서쌍 $(x,\ y)$를 그 방정식의 해라고 합니다. 이 방정식의 해를 5개 이상 구해 보자.

$$2x+y=12$$

(2) (1)에서 구한 해를 순서쌍 $(x,\ y)$로 나타내어 다음 좌표평면에 표시하고, 나타난 점들의 특징을 찾아 설명해 보자.

(3) (1)에서 내가 구한 해가 전부인지 판단해 보고, 그렇게 생각한 이유를 써보자.

나의 생각

(전부이다, 전부가 아니다)

– 이유:

모둠의 의견

(4) (1)의 방정식의 모든 해를 (2)의 좌표평면에 다시 그래프로 나타내 보자.

/ 2 / 다르면서 같은 것을 찾아라

개념과 원리 탐구하기 3

1 **다음을 함께 탐구해 보자.**

(1) 방정식 ㉠ $4x+2y=12$의 해를 모두 찾아 그래프로 나타내 보자.

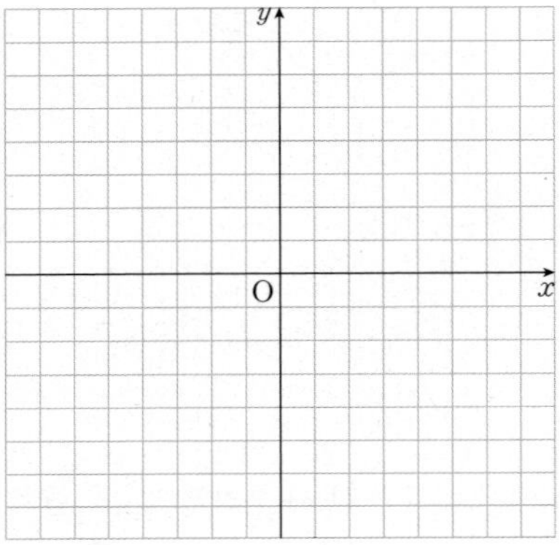

(2) 기울기와 y절편을 이용하여 일차함수 ㉡ $y=-2x+6$의 그래프를 그려 보자.

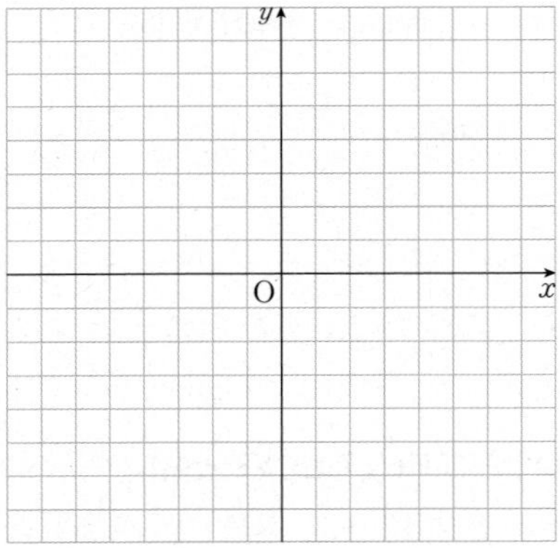

(3) ㉠과 ㉡의 그래프를 비교하여 어떤 관계가 있는지 설명해 보자.

2 일차방정식 $ax+by+c=0$(a, b, c는 상수, $a\neq0$ 또는 $b\neq0$)를 **직선의 방정식**이라고 합니다. 직선의 방정식이라고 부르는 이유가 무엇일지 생각하여 써보자.

3 **다음을 함께 탐구해 보자.**

(1) 미지수가 2개인 일차방정식 $12x+3y=15$와 일차함수 $y=-4x+5$는 같은 식이라고 할 수 있는지 설명해 보자.

(2) 미지수가 2개인 일차방정식 $ax+by+c=0$ (a, b, c는 상수, $a\neq0, b\neq0$)을 변형하여 y에 대한 식('$y=$ ~'의 꼴)으로 나타내 보고 두 식 사이에는 어떠한 관계가 있는지 설명해 보자.

개념과 원리 탐구하기 4

1 **다음을 함께 탐구해 보자.**

(1) 오른쪽 직선을 나타내는 함수의 식을 구해 보자.

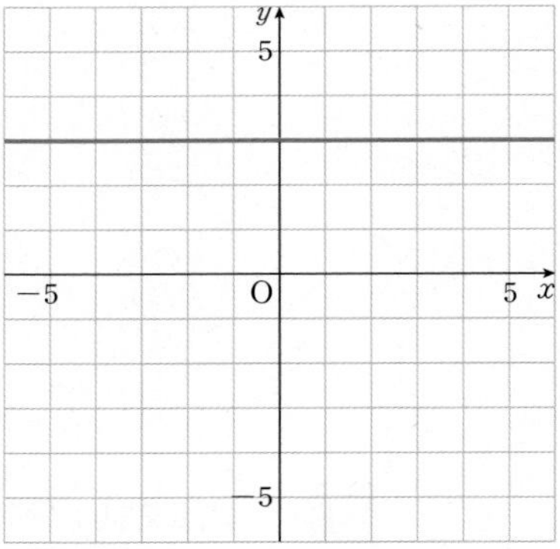

• 식 : ------------------------------------

(2) (1)의 그래프가 지나는 점을 5개 이상 찾아 순서쌍으로 나타내고, 친구들과 비교하여 발견할 수 있는 특징을 찾아보자.

• 순서쌍 : ------------------------------------

• 발견할 수 있는 특징

나의 생각	모둠의 의견

(3) (1)과 (2)를 연결하여 식의 의미를 설명해 보자.

2 다음을 함께 탐구해 보자.

(1) 오른쪽 그래프가 지나는 점을 5개 이상 찾아 순서쌍으로 나타내고, 친구들과 비교하여 발견할 수 있는 특징을 찾아보자.

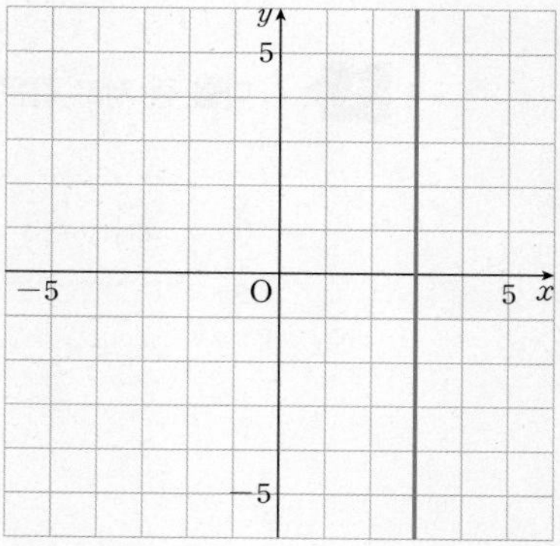

• 순서쌍: ______________________

____

• 발견할 수 있는 특징

나의 생각

모둠의 의견

(2) 1 에서 탐구한 내용과 위 2 (1)의 결과를 참고하여 이 직선의 방정식을 구해 보고 그렇게 구한 이유를 설명해 보자.

3 좌표평면에서 x축과 y축은 각각 어떤 방정식으로 나타나는지 구해 보자.

• x축: ______________________

• y축: ______________________

게임하며 탐구하기 5

1 **다음 중 서로 같은 것끼리 짝을 짓고 그렇게 생각한 이유를 써보자.**

(1) $x+y=3$ •

• ㉠ $y=-\frac{1}{2}x+\frac{5}{2}$

• ㉡ 기울기가 3이고 점 $(2,\ -1)$을 지나는 직선의 방정식

(2) $x+2y=5$ •

• ㉢

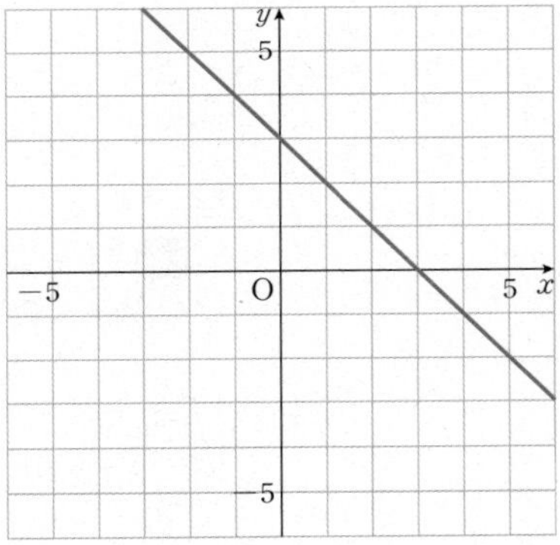

(3) $3x-y=7$ •

• ㉣ 두 점 $(-2,\ 5)$, $(1,\ 2)$를 지나는 직선의 방정식

탐구 되돌아보기

1 **다음을 함께 탐구해 보자.**

(1) 지호는 아이스크림을 사기 위해 편의점에 갔습니다. 아이스크림 바는 800원이고 아이스크림콘은 1,000원입니다. 지호가 산 아이스크림의 총 금액은 8,000원입니다. 이 상황을 문자 x, y를 이용한 식으로 나타내 보자.

(2) (1)에서 세운 방정식의 해를 구하고, 그 해가 의미하는 것을 설명해 보자.

2 **일차방정식 $2x+3y=12$에 대하여 다음 물음에 답해 보자.**

(1) 점 $(3,\ 2)$가 위의 일차방정식의 그래프 위에 있나요? (있다, 없다)

- 그렇게 생각한 이유:

(2) 점 $(2,\ 3)$은 위의 일차방정식의 그래프 위에 있나요? (있다, 없다)

- 그렇게 생각한 이유:

3 일차방정식 $x+3y=15$의 모든 해를 그래프로 나타내고 어떻게 그렸는지 설명해 보자.

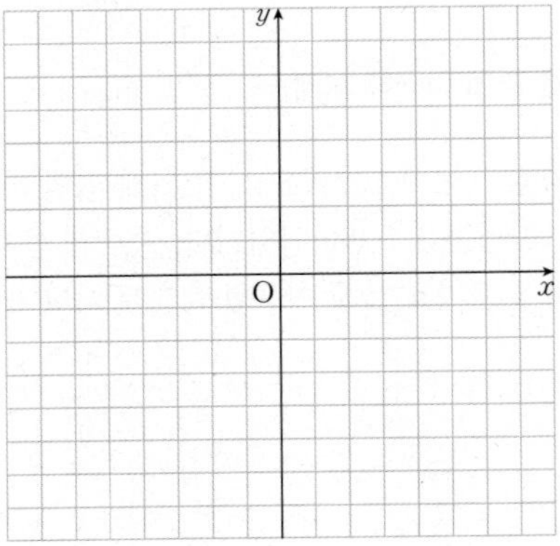

4 다음 점들을 그래프 위에 나타내고 이 점들을 연결한 직선의 방정식을 구해 보자. 그리고 그 직선이 x축과 y축 중에서 어떤 것에 평행한지 써보자.

(1) $\cdots, (-2, 3), (-1, 3), (0, 3), (1, 3), (2, 3), (3, 3), \cdots$

(2) $\cdots, (5, -3), (5, -2), (5, -1), (5, 0), (5, 1), (5, 2), (5, 3), \cdots$

5 **다음을 함께 탐구해 보자.**

(1) 직선 $y=4$ 위에 있는 점을 5개 이상 찾아 순서쌍으로 나타내고, 그 특징을 설명해 보자.

(2) 직선 $x=7$에 대하여 점 $\left(7,\ \frac{1}{2}\right)$이 그래프 위에 있는지 알아보고, 점 $(7,\ y)$에서 y를 만족하는 다른 수들을 찾아보자.

내가 만드는 수학 이야기

6 다음 용어 중 몇 개를 사용하여 미지수가 2개인 일차방정식을 세울 수 있는 상황을 만들어 보고, 여러 가지 방법으로 해결하는 이야기를 만들어 보자.

용어
미지수, 일차방정식, 일차함수, 직선의 방정식

제 목

2 축제 준비

학교에서는 축제 기간에 학급별로 다양한 행사를 진행합니다. 수익금이 있는 판매 행사를 계획할 때는 판매 가격과 판매 수량을 미리 고려해서 준비해야 합니다. 학급별로 다양한 판매 물품이 얼마나 팔렸는지 확인할 때는 식을 세워서 예측해 볼 수 있습니다. 이때 하나의 식이 아닌 두 개의 식을 이용해야 하는 경우에는 어떤 과정이 필요할까요?

이 단원에서는 일차방정식 두 개를 동시에 탐구하며 두 개의 일차방정식을 동시에 만족하는 해의 의미를 발견할 수 있습니다. 그리고 두 개의 일차방정식을 그래프로 표현하여 두 식의 관계를 설명해 보고 그래프에서 해를 찾고 그 의미를 탐구해 봅시다. 또 두 개의 일차방정식을 동시에 만족하는 해를 쉽게 구하는 방법을 알아봅시다.

/ 1 / 판매 행사 계획하기

개념과 원리 탐구하기 1

1 광현이와 은세는 축제에서 보물찾기 행사에 참여했습니다. 주어진 힌트를 이용하여 보물의 위치를 지도 위에 나타내고 어떻게 찾았는지 설명해 보자.

▶**힌트 1**

보물의 좌표는 일차방정식 $x+y=\frac{1}{2}$의 해야.

▶**힌트 2**

보물은 일차방정식 $-x+2y=4$의 그래프 위에 있어.

2 다음 두 방정식을 일차함수의 식으로 바꾸고, 그 그래프를 그려서 두 방정식을 동시에 만족하는 x와 y의 값을 찾아보자. 그리고 그렇게 생각한 이유를 써보자.

㉠ $2x+y=2$　　㉡ $x+y=-1$

개념과 원리 탐구하기 2

1 준영이네 반은 축제 기간에 달고나와 솜사탕을 만들어서 팔기로 했습니다. 다음은 친구들이 정한 솜사탕과 달고나의 가격입니다. 준영이네 반 축제 상황에 대해 함께 답해 보자.

▶ 1개 당 가격 ◀

솜사탕 : 1000원
달고나 : 500원

(1) 준영이는 솜사탕과 달고나를 합하여 모두 70개를 팔았다는 정보만 가지고 있습니다. 솜사탕과 달고나를 각각 몇 개씩 팔았을지 구해 보자.

(2) 예진이는 우리 반 수입이 총 60,000원이라는 정보만 가지고 있습니다. 우리 반 친구들이 솜사탕과 달고나를 각각 몇 개씩 팔았을지 구해 보자.

(3) 준영이와 예진이가 알고 있는 사실을 함께 고려하면 팔린 솜사탕의 개수와 달고나의 개수는 각각 몇 개일까요? 어떻게 구했는지 설명해 보자.

2 혜정이네 반에서는 핫도그를 만들어서 음료수와 함께 판매하고 있습니다. 사려는 학생이 너무 많아 메뉴판을 보지 못했고 혜정이와 성수가 한 말을 듣고 각각의 가격을 알아내려고 합니다. 수하는 다음과 같은 그림을 그려서 가격을 구했습니다.

혜정: 난 핫도그 6개와 음료수 2개를 9,000원에 샀어.

성수: 난 핫도그 4개와 음료수 2개를 7,000원에 샀어.

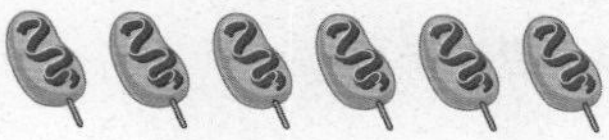 + 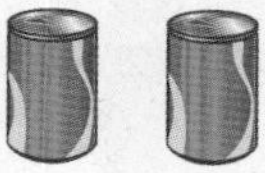 = 9,000(원)

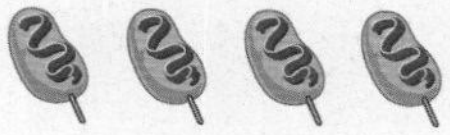 + 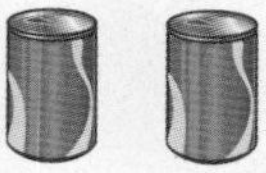 = 7,000(원)

(1) 핫도그 1개와 음료수 1개가 각각 얼마인지 구하고, 어떻게 풀었는지 구체적으로 설명해 보자.

나의 생각	모둠의 의견

(2) **1** 에서 답을 구한 방법과 **2** (1)에서 구한 방법의 공통점과 차이점을 써보자.

두 방정식을 동시에 만족하는 x, y의 값을 구하기 위해 $\begin{cases} x+y=9 \\ 2x+y=13 \end{cases}$과 같이 두 일차방정식을 한 쌍으로 묶어서 나타낸 것을 미지수가 2개인 **연립일차방정식** 또는 간단히 **연립방정식**이라고 합니다.
이때 두 일차방정식을 동시에 만족시키는 x, y의 값 또는 그 순서쌍 (x, y)를 연립방정식의 해라 하고, 연립방정식의 해를 구하는 것을 연립방정식을 푼다고 합니다.

3 **1 상황과 2 상황 중 하나를 선택하여 연립방정식을 만들어 보자. 그리고 구한 결과를 연립방정식의 해의 뜻과 연결하여 설명해 보자.**

/ 2 / 몇 개나 팔았을까

개념과 원리 탐구하기 3

1 어떤 학급에서는 학교 상징 그림을 디자인한 모자와 우산을 판매하였습니다. 다음은 학생들이 모자와 우산을 판매한 내용과 금액입니다.

(1) 그림에서 모자 1개와 우산 1개의 금액이 얼마인지 두 가지 이상의 방법으로 구해 보자. 그 과정을 구체적으로 설명해 보자.

나의 생각	모둠의 의견

(2) 우산 1개의 가격을 x원, 모자 1개의 가격을 y원이라 하고, 연립방정식을 만들어 보자. (1)에서 그림을 이용한 풀이 과정을 식으로 나타내어 연립방정식과 연결하여 설명해 보자.

2 다음은 연립방정식 $\begin{cases} x+y=5 \\ 6x-y=4 \end{cases}$ 에 대한 선우의 풀이입니다. 선우의 풀이에서 ①~⑤의 각 단계를 설명하고, 어떻게 푼 것인지 정리해 보자.

$x+y=5$와 $6x-y=4$를 동시에 만족하는 x, y의 값을 구해 보자.

$$(x+y)+(6x-y)=5+4 \quad \cdots ①$$
$$7x=9 \quad \cdots ②$$
$$x=\frac{9}{7} \quad \cdots ③$$
$$\frac{9}{7}+y=5 \quad \cdots ④$$
$$y=\frac{26}{7} \quad \cdots ⑤$$

3 다음을 함께 탐구해 보자.

(1) **1** 과 **2** 에서 사용한 연립방정식을 푸는 공통된 풀이 방법을 설명해 보자.

나의 생각	모둠의 의견

(2) (1)의 전략을 이용하여 다음 연립방정식을 풀어 보자.

① $\begin{cases} x+y=5 \\ 6x-y=4 \end{cases}$

② $\begin{cases} 5x+3y=-8 \\ 2x+3y=4 \end{cases}$

개념과 원리 탐구하기 4

1 **1,000원짜리 솜사탕과 500원짜리 달고나를 팔았을 때, 총 판매금액은 65,000원이었고, 팔린 솜사탕과 달고나의 개수의 합은 90개였습니다. 시원이와 제이는 솜사탕과 달고나를 각각 몇 개씩 팔았는지 궁금했습니다. 다음을 함께 탐구해 보자.**

(1) 시원이와 제이가 사용한 풀이를 각각 완성해 보자.

시원이의 풀이	제이의 풀이
솜사탕의 개수를 x, 달고나의 개수를 y라 하고 일단 방정식을 써볼게. $\begin{cases} 1000x+500y=65000 & \cdots ㉠ \\ x+y=90 & \cdots ㉡ \end{cases}$ $x+y=90$에서 $x=90-y$로 변형할게. 왜냐하면 식 $1000x+500y=65000$에 x 대신 $90-y$를 대입하려고 해.	솜사탕의 개수를 x, 달고나의 개수를 y라 하고 일단 방정식을 써볼게. $\begin{cases} 1000x+500y=65000 & \cdots ㉠ \\ x+y=90 & \cdots ㉡ \end{cases}$ $x+y=90$에서 $y=90-x$로 변형할게. 왜냐하면 식 $1000x+500y=65000$에 y 대신 $90-x$를 대입하려고 해.

(2) (1)에서 두 학생의 연립방정식을 푸는 공통된 풀이 방법을 설명해 보자.

나의 생각	모둠의 의견

(3) **1** 의 전략을 이용하여 다음 연립방정식을 풀어 보자.

① $\begin{cases} x-y=-6 \\ x+y=4 \end{cases}$

② $\begin{cases} x-y=-1 \\ -2x+y=7 \end{cases}$

개념과 원리 탐구하기 5

1 다음 연립방정식을 여러 가지 방법으로 풀고 그 과정을 설명해 보자.

(1) $\begin{cases} 2x-y=-2 \\ 4x-2y=2 \end{cases}$

(2) $\begin{cases} 3x+2y=6 \\ 6x+4y=12 \end{cases}$

2 **1** 의 연립방정식을 그래프를 이용하여 다시 풀고 설명해 보자.

(1) $\begin{cases} 2x-y=-2 \\ 4x-2y=2 \end{cases}$

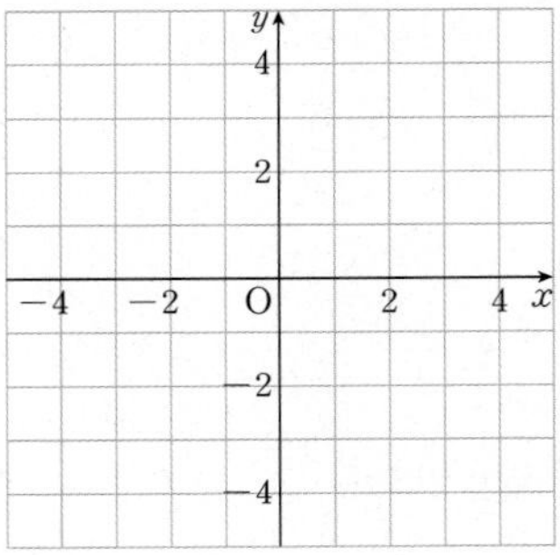

(2) $\begin{cases} 3x+2y=6 \\ 6x+4y=12 \end{cases}$

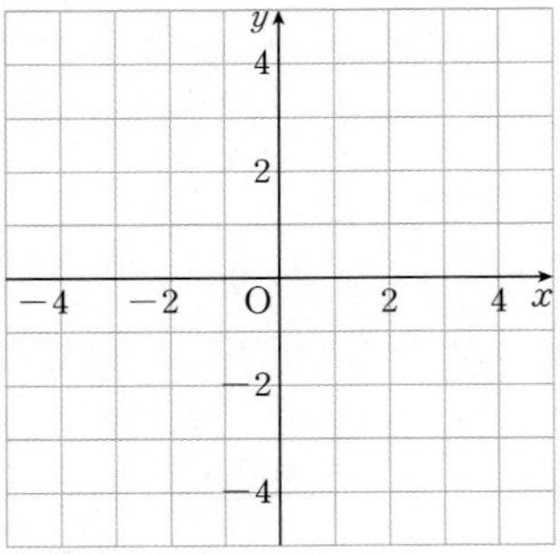

3 **다음 조건에 맞는 연립방정식을 한 쌍씩 만들고, 어떻게 만들었는지 설명해 보자.**

(1) 해가 없는 경우

(2) 해가 무수히 많은 경우

게임하며 탐구하기 6

1 주어진 연립방정식을 풀어 x, y의 값을 구하여 더한 수를 아래의 표에서 찾아 글자와 연결시겨서 다음 명언을 완성해 보자.

"⑨⑩ 것을 완전히 ⑤①⑥③
그것을 ④⑦이에게 ⑧②⑫⑪!"

수	−7	−6	−5	−4	−3	−2	−1	0	1	2	3	4	5	6	7
글자	라	고	다	떤	명	려	고	쳐	알	른	거	어	든	가	르

❶ $\begin{cases} x+5y=2 \\ x+2y=-1 \end{cases}$

해	(,)
합	
글자	

❷ $\begin{cases} 3x+y=11 \\ 2x+y=9 \end{cases}$

해	(,)
합	
글자	

❸ $\begin{cases} 3x+y=9 \\ x+2y=8 \end{cases}$

해	(,)
합	
글자	

❹ $\begin{cases} -x+2y=-16 \\ -x+y=-9 \end{cases}$

해	(,)
합	
글자	

❺ $\begin{cases} 5x+3y=1 \\ 3x+2y=1 \end{cases}$

해	(,)
합	
글자	

❻ $\begin{cases} -2x+3y=-1 \\ 2x+3y=7 \end{cases}$

해	(,)
합	
글자	

❼ $\begin{cases} 2x+y=1 \\ -6x+5y=21 \end{cases}$

해	(,)
합	
글자	

❽ $\begin{cases} 3x+y=14 \\ x=y+2 \end{cases}$

해	(,)
합	
글자	

❾ $\begin{cases} -3x+y=0 \\ x-5y=-14 \end{cases}$

해	(,)
합	
글자	

❿ $\begin{cases} -x-3y=12 \\ -x+y=-4 \end{cases}$

해	(,)
합	
글자	

⓫ $\begin{cases} 2x+y=4 \\ -y=x+7 \end{cases}$

해	(,)
합	
글자	

⓬ $\begin{cases} 2x+y=3 \\ x-2y=9 \end{cases}$

해	(,)
합	
글자	

탐구 되돌아보기

1 미연이는 좌표평면이 작아서 두 직선이 만나는 점을 표시할 수 없었습니다. 두 직선이 만나는 점의 좌표를 구하고, 그 방법을 설명해 보자.

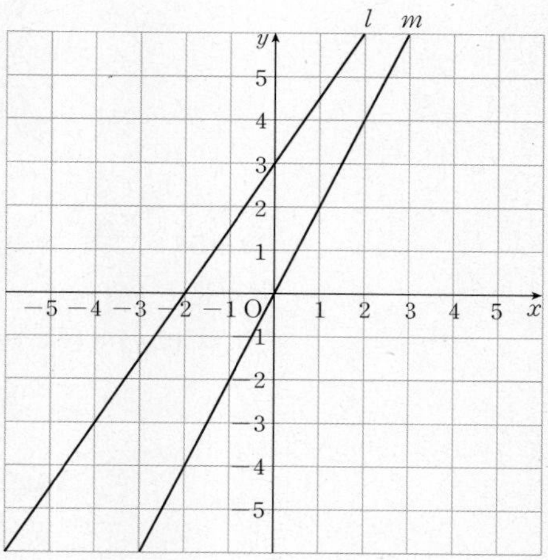

2 다음은 직선 ㉠, ㉡, ㉢, ㉣ 위의 점의 일부분을 표로 나타낸 것입니다.

직선 ㉠

x	-3	-2	-1	0
y	6	2	-2	-6

직선 ㉡

x	-3	-1	0	4
y	-6	-2	0	8

직선 ㉢

x	-3	0	1	3
y	6	3	2	0

직선 ㉣

x	4	6	8	10
y	5	6	7	8

(1) 직선 ㉠과 직선 ㉡의 교점을 구해 보자.

(2) 직선 ㉡과 직선 ㉢의 교점을 구해 보자.

(3) 직선 ㉢과 직선 ㉣의 교점을 구해 보자.

3 여진이는 다음 방정식을 탐구하기 3의 선우의 방법으로 풀었습니다.

$$\begin{cases} 3x+5y=15 \\ 3x+y=7 \end{cases}$$

(1) 이 풀이에서 ①~⑤의 각 단계를 설명해 보자.

$3x+5y=15$와 $3x+y=7$를 동시에 만족하는 x, y의 값을 구해 보자.

$(3x+5y)-(3x+y)=15-7$ … ①

$4y=8$ … ②

$y=2$ … ③

$3x+2=7$ … ④

$3x=5$ … ⑤

$y=\frac{5}{3}$ … ⑥

(2) (1)에서 두 식을 변끼리 뺀 이유를 설명해 보자.

4 태훈이는 탐구하기 4의 방정식을 다른 방법으로 풀었습니다. 어떻게 푼 것인지 설명하고 풀이를 완성해 보자.

나는 이것을 일차함수의 식 '$y=\sim$' 꼴로 바꾸어 볼게.

$$\begin{cases} 500y=-1000x+65000 \\ y=-x+90 \end{cases} \Rightarrow \begin{cases} y=-2x+130 & \cdots ㉠ \\ y=-x+90 & \cdots ㉡ \end{cases}$$

그런데 두 식에서 y의 값은 서로 똑같은 수야. 팔린 달고나 개수니까.
그래서 두 식을 같다고 놓고 풀었어.

5 어떤 학급에서는 떡볶이와 어묵을 세트로 팔았습니다. 다음을 함께 탐구해 보자.

[그림 1]

[그림 2]

(1) 위 그림만을 보고 떡볶이 한 접시와 어묵 한 그릇 중 어느 것이 더 비싼지 알 수 있을까요? 그렇게 생각하는 이유를 써보자.

(2) 5,000원으로 어묵은 모두 몇 그릇 살 수 있는지 구하고 그 이유를 설명해 보자.

(3) 떡볶이 한 접시는 얼마인지 구하고 그 이유를 설명해 보자.

6 어떤 학급에서는 긴 양초와 짧은 향초를 아래와 같이 묶음으로 팔았습니다.

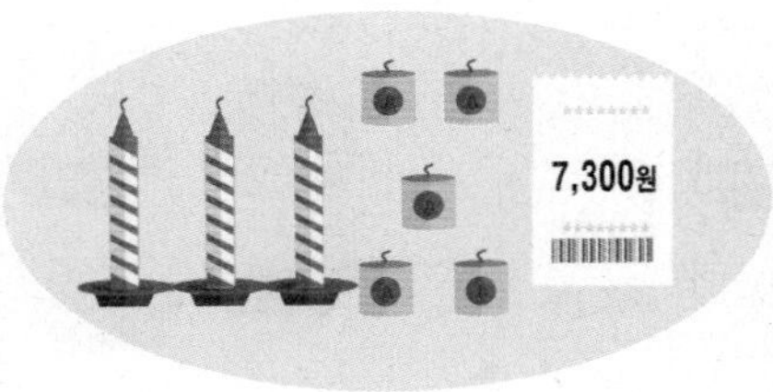

[그림 1]

[그림 2]

본창이는 긴 양초와 짧은 향초 각각 한 개의 가격을 구하기 위해 다음과 같이 계산하였습니다.

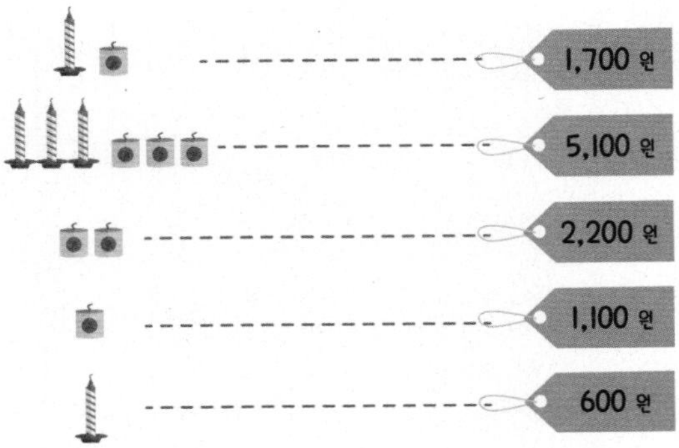

(1) 본창이가 긴 양초와 짧은 향초의 가격을 어떻게 구했는지 설명해 보자.

(2) 본창이의 풀이와 다른 자기만의 방법으로 문제를 풀고, 그 방법을 설명해 보자.

7 다음 연립방정식을 푸는 방법에 대해 민재와 지훈이가 논의한 것입니다. 누구의 의견이 옳은지 결정하고, 그렇게 생각한 이유를 써보자.

$$\begin{cases} x+y=3 \\ x-y=-5 \end{cases}$$

민재: 나는 두 식을 모두 '$x=\sim$'의 꼴로 변형해서 푸는 것이 더 쉽다고 생각해.

지훈: 나는 두 식을 모두 '$y=\sim$'의 꼴로 변형해서 푸는 것이 더 쉽다고 생각해.

8 다음을 함께 탐구해 보자.

(1) 다음 두 연립방정식의 해가 같을까? 같은지, 다른지 판단하고 그렇게 생각한 이유를 설명해 보자.

㉠ $\begin{cases} 2x+3y=10 \\ -x+4y=6 \end{cases}$　　㉡ $\begin{cases} 2x+3y=10 \\ -2x+8y=12 \end{cases}$

(2) 연립방정식 ㉡을 풀고, 그 해를 ㉠에 대입하여 확인해 보자.

(3) (1)과 (2)의 결과를 이용하여 연립방정식을 쉽게 푸는 방법을 정리해 보자.

9 다음 연립방정식을 풀고 그 풀이 과정을 써보자.

(1) $\begin{cases} 4x-(x-2y)=-1 \\ x+2y=-2 \end{cases}$

(2) $\begin{cases} \dfrac{x}{3}-y=5 \\ \dfrac{x}{2}+\dfrac{y}{3}=2 \end{cases}$

(3) $\begin{cases} 0.2x-0.1y=0.3 \\ -\dfrac{1}{2}+\dfrac{3}{10}y=\dfrac{4}{5} \end{cases}$

10 다음은 어떤 연립방정식의 해입니다. 주어진 해가 나올 수 있는 연립방정식을 만들고, 만든 과정을 설명해 보자.

(1) $x=3, y=2$

(2) $x=\dfrac{1}{4}, y=\dfrac{1}{2}$

(3) $x=0, y=0$

(4) $x=-2, y=-3$

내가 만드는 수학 이야기

11 다음과 같은 두 개의 일차방정식이 있습니다.

$$3x+2y=45,\ 2x+y=28$$

위의 방정식에서 45, 28이라는 수는 길이, 무게, 값 등 여러 가지의 양을 나타낼 수 있습니다. x와 y의 값을 구해 보고, 이 방정식에 적합한 이야기를 만들어 보자.

용어

미지수, 일차방정식, 연립방정식, 일차함수, 직선의 방정식

제 목

개념과 원리 연결하기

1 인혁이는 미지수가 2개인 일차방정식의 해를 2개 찾았다고 합니다. 이 말이 사실인지 판단하고 그렇게 생각한 이유를 써보자.

나의 첫 생각

다른 친구들의 생각

정리된 나의 생각

2 연립방정식의 개념을 정리해 보자.

(1) 이 단원에서 알게 된 연립방정식의 뜻과 성질, 법칙 등을 모두 정리해 보자.

(2) 연립방정식과 연결된 개념을 복습해 보자. 그리고 제시된 개념과 연립방정식 사이의 연결성을 찾아 모둠에서 함께 정리해 보자.

연립방정식과 연결된 개념	연립방정식과 관련 개념 사이의 연결성
• 대입 • 등식의 성질 • (일차) 방정식 • 미지수가 2개인 일차방정식 • 일차함수와 그 그래프	

Dream your future : 꿈 꾸는 미래(미래를 꿈꾸다)

수학 학습원리 완성하기

은정이는 다음과 같은 방법으로 탐구하기 5 [1]에 있는 문제를 해결하기 위한 자기 사고 과정을 설명했습니다.

내가 선택한 문제

1 다음 연립방정식을 여러 가지 방법으로 풀고 그 과정을 설명해 보자.

(1) $\begin{cases} 2x-y=-2 \\ 4x-2y=2 \end{cases}$　　(2) $\begin{cases} 3x+2y=6 \\ 6x+4y=12 \end{cases}$

은정이의 깨달음

연립방정식을 풀 때, 나는 늘 두 식을 빼거나 한 식에 대입을 하는 방법만 이용했다. 그런데 이 문제는 그 방법이 통하지 않았다. 왜일까? 앞에서 연립방정식을 일차함수 그래프를 이용해서 풀 수 있다고 계속 배우긴 했지만, 그 필요성을 잘 느끼지 못했는데 이 문제를 보고서는 확실해졌다. 이 문제들은 그래프가 없이는 해석이 안된다!

물론 앞에서 연립방정식을 그래프로 풀 때와 식으로 풀 때 답이 같게 나온다는 것 자체가 신기하기는 했다. 그러나 방정식을 그래프로 푸는 것은 귀찮은 일이다.

그런데 연립방정식의 해가 없을 때, 그리고 해가 무수히 많을 때 푸는 방법은 일차함수 그래프를 이용하면 매우 명확하게 설명이 된다. 일차함수 그래프 그리기가 이렇게 유용할 수가!

수학 학습원리

학습원리 5. 여러 가지 수학 개념 연결하기

1 은정이의 설명에서 여러분은 다른 학습원리를 발견할 수 있는지 찾아보자.

2 은정이가 한 것처럼 여러분도 이 단원의 다른 문제를 선택하여 해결하는 사고 과정을 설명해 보고 사용한 수학 학습원리를 찾아보자.

내가 선택한 문제

나의 깨달음
수학 학습원리

수학 학습원리

1. 끈기 있는 태도와 자신감 기르기
2. 관찰하는 습관을 통해 규칙성 표현하기
3. 수학적 추론을 통해 자신의 생각 설명하기
4. 수학적 의사소통 능력 기르기
5. 여러 가지 수학 개념 연결하기

STAGE 5

놀이동산에 가자

1 크거나 작거나

/ 1 / 놀이동산 가는 길

/ 2 / 어, 방향이 바뀌네

제빵사

제빵사는 빵이나 디저트를 만들지요. 특히 케이크를 만들 때는 계량이 중요합니다. 재료가 모자라거나 넘치게 들어가도 안 되고, 굽는 시간 또한 알맞아야 하니 여간 까다로운 작업이 아닐 수 없어요. 이번 단원에서는 크고 작고, 차고 모자라는 등의 개념을 수학을 통해 알아보기로 해요.

1 크거나 작거나

크기를 나타내는 표현은 다양합니다. 이상, 이하, 초과, 미만 등의 표현으로 수를 비교하여 크거나 같다, 작거나 같다, 크다, 작다 등을 나타내는 표현이 있고 이러한 표현들은 일상에서 많이 사용됩니다. 수학에서는 크고 작고 높고 낮은 것들을 기호를 사용하여 나타낼 수 있고 그 기호를 부등호라고 합니다. 부등호 $<$, $>$는 영국의 수학자이자 천문학자인 해리엇이 처음으로 사용하였습니다. 그는 1585년에 북아메리카 대륙을 측정하기 위하여 그곳으로 파견되었을 때 원주민의 팔에 새겨진 문양을 보고 이 기호를 만들었다고 합니다. 또 부등호 $\le$, $\ge$는 1734년에 프랑스의 과학자 부게르가 처음으로 사용하였습니다. 부게르의 기호는 해리엇의 기호에 등호($=$)를 합쳐서 만든 것으로 처음에는 달랐으나 지금은 단순화하여 기호 $\le$, $\ge$를 사용하고 있습니다.

이번 단원에서는 놀이동산에 가는 길에 보이는 표지판이나 놀이동산에서 일어나는 여러 가지 상황 속에서 이러한 부등호가 사용되는 경우를 발견하고 문자와 부등호가 들어간 식을 어떻게 다루어야 하는지를 탐구해 봅시다.

/1/ 놀이동산 가는 길

개념과 원리 탐구하기 1

▌준비물 : 색연필이나 색 싸인펜

1 소현이네 반 친구들은 함께 놀이동산에 갑니다. 소현이가 가는 길에 차에서 밖을 내다 보니 다양한 숫자들이 표지판으로 나타나 있었습니다. 아래 표지판들은 어떤 의미일까요?

(1) 위의 사진에 있는 표지판이 의미하는 것을 두 문장 이상으로 표현해 보자.

(2) (1)에서 찾은 내용 중 문자를 사용하여 식으로 표현할 수 있는 것을 찾아 수학 기호를 사용하여 표현해 보자.

(3) (2)에서 찾은 식들을 '등식'과 '등식이 아닌 것'으로 나누어 보자.

크고 작음을 나타내는 기호(<, >, ≤, ≥)를 사용하여 수 또는 식의 대소 관계를 나타낸 식을 **부등식**이라고 합니다.

2 다음을 함께 탐구해 보자.

(1) 1 의 사진처럼 일상 속에서 크고 작음이 사용된 예를 찾아 사진이나 그림으로 나타내 보자.

미지수 x를 포함하는 부등식에서 그 부등식을 참이 되게 하는 미지수 x의 값을 그 부등식의 해라고 합니다.

(2) (1)에서 친구들이 찾은 각각의 상황을 부등식으로 나타내고, 그 부등식의 해를 구해 보자.

개념과 원리 탐구하기 2

1 **다음은 친구들이 만든 이야기입니다. 다음을 함께 탐구해 보자.**

(1) 다음 상황을 미지수 x를 이용하여 식으로 나타내고 부등식으로 나타낼 수 있는 것을 골라 보자.

① 정식

국어를 80점, 사회를 90점, 과학을 75점 맞았는데 수학 시험을 보고 나니 네 과목의 평균이 85점 이상이었다. 수학 점수는?

② 유빈

660 kg 이상이 타면 '삐' 소리가 나는 엘리베이터가 있다. 몸무게가 60 kg인 사람 10명이 탄 다음에 쌍둥이 어린이 둘이 탔는데 '삐' 소리가 났다. 한 아이의 몸무게는? (단, 쌍둥이의 몸무게는 같다.)

③ 수기

집에서 학교로 갈 때 몇 걸음인지 세어 보았더니 집에서 교문까지 820걸음, 교문에서 교실까지 240걸음이었다. 한 걸음 걷는 데 0.8초가 걸린다고 하면 집에서 교실까지 가는 데 걸린 시간은?

④ 다혜

영어 책 읽는 숙제가 있었는데 12문장을 읽는 데 36초가 걸렸다. 한 문장 읽는 데 평균적으로 걸린 시간은?

⑤ 유환

현재 15살이고 키가 156 cm인데 8살 때는 114 cm이었다. 1년에 평균적으로 몇 cm씩 키가 큰 것일까?

⑥ 성훈

밥을 한 숟가락 먹는 데 평균적으로 30초가 걸린다. 그리고 밥을 먹는 시간은 항상 15분 이내였다. 한 끼에 먹은 밥은 몇 숟가락이었을까?

⑦ 주영

재미있는 책을 발견했는데 그 책이 320쪽이었다. 이것을 3시간 이내에 다 읽으려면 한 쪽을 읽는 데 평균적으로 걸리는 시간은 얼마이어야 할까?

(2) 부등식으로 나타낼 수 있는 상황은 어떤 특징이 있는지 써보고 모둠에서 의견을 정리해 보자.

나의 생각	모둠의 의견

개념과 원리 탐구하기 3

▮ 준비물 : 계산기, 분홍색, 노란색 포스트잇

1 다음을 함께 탐구해 보자.

[문제]

부등식 $3x+5\leq 5x+7$의 해를 구하시오.

(1) -2는 위 문제의 해가 될까요? 해인지 확인하는 방법을 설명해 보자.

(2) 아래 모둠별로 주어진 수가 **[문제]**의 부등식의 해이면 분홍색 포스트잇에, 해가 아니면 노란색 포스트잇에 수를 옮겨 적자.

〈1모둠〉	-2	-6	-3	$-\frac{3}{2}$
〈2모둠〉	2	$\frac{1}{2}$	-4	$-\frac{1}{2}$
〈3모둠〉	3.5	-7	-5	2.1
〈4모둠〉	-1	$\frac{11}{4}$	6	-5.7
〈5모둠〉	0.5	3	-1.1	0
〈6모둠〉	-0.9	-15	4	7
〈7모둠〉	10	8	$-\frac{5}{2}$	15
〈8모둠〉	$\frac{2}{3}$	-0.1	0.1	-9

(3) 칠판의 수직선 위에 모둠별로 수를 적은 포스트잇을 붙이자. 수직선 위에 붙여진 수들을 통해 알 수 있는 사실을 3가지 이상 찾아 써보자.

2 **다음을 함께 탐구해 보자.**

(1) 만약 수 카드가 더 많아지면 어떻게 분류할 수 있을지 1 (3)에서 발견한 사실을 토대로 추측하여 써보자.

(2) 부등식의 해를 구한다는 것의 뜻을 쓰고, 해를 구하는 나만의 방법을 만들어 보자.

부등식의 해를 구한다는 것은

나만의 방법

개념과 원리 탐구하기 4

1 부등식의 해는 [보기]와 같이 수직선을 이용하여 나타낼 수 있습니다. 해를 다음과 같이 수직선에 나타내는 이유를 생각해 보자.

[보기]

해에 포함되는 점은 까맣게, 포함되지 않는 점은 하얗게 나타낸다.

2 다음 문장을 부등식으로 나타내고 수직선에 표시해 보자. 그리고 내가 찾은 결과와 친구들이 찾는 결과를 비교하여 해를 빠짐없이 수직선에 나타내 보자.

(1) x는 3 미만이다.

부등식		

(2) y는 $-\frac{3}{4}$ 이상이다.

부등식		

(3) a는 0 초과 $\frac{7}{3}$ 이하이다.

부등식		

3 다음 문장을 수직선 위에 나타내고 부등식과 각 조건에 맞는 수를 찾아보자.

x는 -3 이상 2 미만이다.

① 부등식: ________________

② 가장 큰 정수: ________________ ③ 가장 작은 정수: ________________

개념과 원리 탐구하기 5

놀이동산에 들어온 소현이는 소은이와 함께 회전목마를 타러 가기로 합니다. 주변에 신기한 것들이 많아서 소현이는 천천히 두리번 거리다 보니 소은이가 200 m 앞서 걸어가고 있었습니다. 소현이는 소은이에게 전화를 걸어 회전목마까지 달리기 시합을 하자고 제안했습니다. (소현이가 있는 지점에서 회전목마까지는 500 m입니다.)

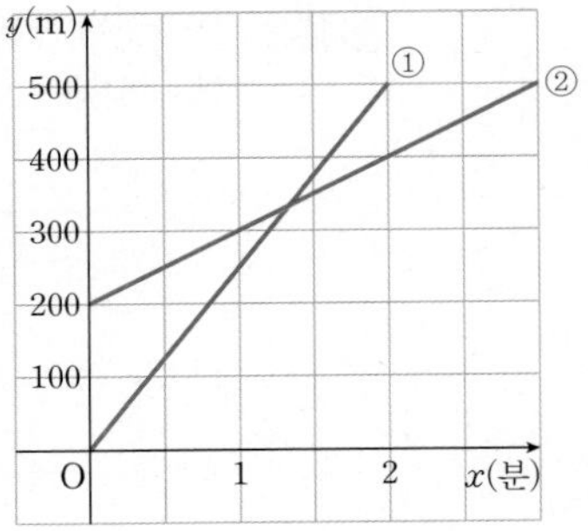

1 위에서 소현이와 소은이의 그래프가 무엇인지 골라 보자. 그렇게 생각한 이유를 써보자.

2 위 그래프를 통해 알 수 있는 사실을 찾아 3가지 이상 찾아 써보자.

3 위의 그래프에서 ①의 식은 $y=250x$, ②의 식은 $y=100x+200$입니다. 이를 참고하여 아래 방정식 또는 부등식이 각각 무엇을 나타내는지 이야기를 만들고, 해를 구해 보자.

(1) $250x=100x+200$	(2) $250x<100x+200$	(3) $250x>100x+200$

/ 2 / 어, 방향이 바뀌네

개념과 원리 탐구하기 6

준비물 : 주사위 2개 (−3, −2, −1, 1, 2, 3이 적힌 주사위와 사칙연산이 있는 주사위), 모둠별로 카드 4개

다음 [규칙]대로 부등식 게임을 해 보자.

[규칙]	[예]
❶ 두 사람이 카드를 1개씩 고릅니다.	$-3 \bigcirc 4$
❷ 이 카드에 적힌 두 숫자의 대소 관계를 비교합니다.	$-3 < 4$
❸ 주사위 2개(사칙연산, 숫자)를 한 사람씩 굴립니다. 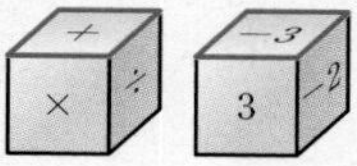 모둠원들은 주사위에 나온 연산기호와 숫자를 적고, 각각 나온 연산대로 나온 숫자를 계산합니다.	$+$ -3 $-3+(-3)$ $4+(-3)$
❹ ❸번 계산 결과의 대소 관계를 비교합니다. 이때 ❷에서의 부등호의 방향이 바뀌면 1점을 얻습니다.	$0 < 1$

1 드림이는 −2와 5가 있는 카드를 골랐습니다. 또 주사위를 굴려서 '−'와 '−1'이 나왔습니다. 드림이는 점수를 얻을 수 있을지 계산해 보자.

$$-2 \bigcirc 5$$

2 모둠원끼리 카드를 한 장씩 골라, 돌아가면서 주사위를 5번씩 던져 게임을 해 보자. 게임 결과를 이용하여 부등식에 대해 알 수 있는 사실을 2가지 이상 찾아보자. (단, 카드는 다음 장에 있습니다.)

〈카드1〉

$-2 \bigcirc 3$

두 주사위 결과	계산 결과	점수
,	(1) ○	
,	(2) ○	
,	(3) ○	
,	(4) ○	
,	(5) ○	
점수 합계		

〈카드2〉

$1 \bigcirc 2$

두 주사위 결과	계산 결과	점수
,	(1) ○	
,	(2) ○	
,	(3) ○	
,	(4) ○	
,	(5) ○	
점수 합계		

〈카드3〉

$3 \bigcirc 0$

두 주사위 결과	계산 결과	점수
,	(1) ◯	
,	(2) ◯	
,	(3) ◯	
,	(4) ◯	
,	(5) ◯	
점수 합계		

〈카드4〉

$-4 \bigcirc -5$

두 주사위 결과	계산 결과	점수
,	(1) ◯	
,	(2) ◯	
,	(3) ◯	
,	(4) ◯	
,	(5) ◯	
점수 합계		

3 **[보기]는 신중이가 주사위 게임에서 나온 결과를 수직선으로 나타내어 대소 관계를 비교한 것 입니다.**

(1) ①~④도 [보기]와 같이 수직선을 이용해서 표현해 보자.

[보기]

$2 < 4$

$2+2 < 4+2$

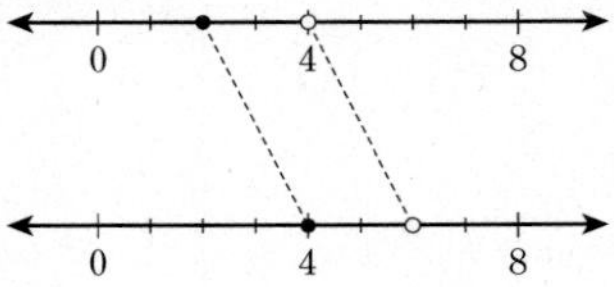

① $2 < 4$

2×2 □ 4×2

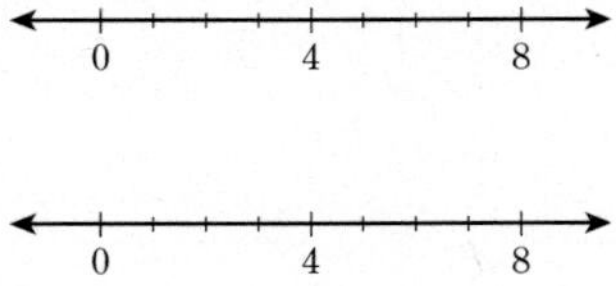

② $2 < 4$

$2\div 2$ □ $4\div 2$

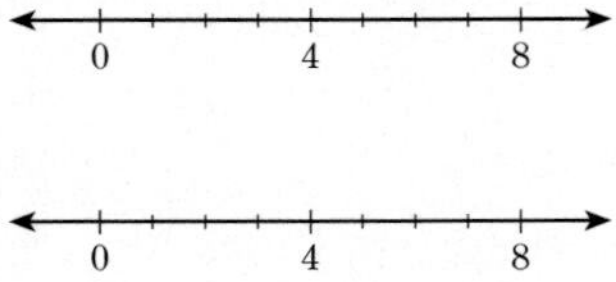

③ $2 < 4$

$2\times(-2)$ □ $4\times(-2)$

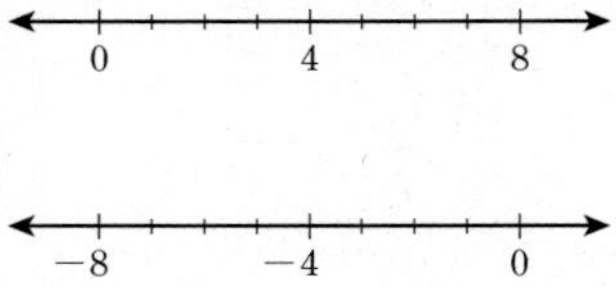

④ $2 < 4$

$2\div(-2)$ □ $4\div(-2)$

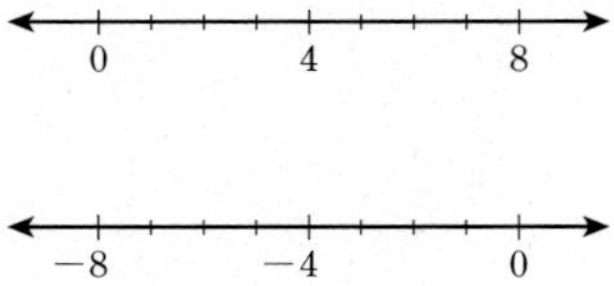

(2) 부등식은 사칙연산 $+$, $-$, $\times$, $\div$에 대해 어떤 성질이 있는지, 왜 그런 성질이 생기는지 이야기해 보자.

나의 생각	모둠의 의견

(3) 일차방정식은 등식의 성질을 이용하여 풀었습니다. 등식의 성질은 다음과 같습니다. 지금까지 발견한 부등식의 성질을 이와 같이 정리해 보자.

등식의 성질

① 등식의 양변에 같은 수를 더하여도 등식은 성립한다.	$a=b$이면 $a+c=b+c$
② 등식의 양변에서 같은 수를 빼도 등식은 성립한다.	$a=b$이면 $a-c=b-c$
③ 등식의 양변에 같은 수를 곱하여도 등식은 성립한다.	$a=b$이면 $ac=bc$
④ 등식의 양변을 0이 아닌 같은 수로 나누어도 등식은 성립한다.	$a=b$이면 $\frac{a}{c}=\frac{b}{c}$ (단, $c\neq0$)

부등식의 성질

개념과 원리 탐구하기 7

1 부등식의 성질을 이용하여 다음 부등식의 해를 구하고 수직선에 나타내 보자. 그리고 그렇게 생각한 이유를 써보자.

(1) $4x \le -2$

(2) $-2x > -4$

부등식에서 우변에 있는 항을 모두 좌변으로 이항하여 정리한 식이 다음 중 어느 하나의 꼴로 변형되는 부등식을 **일차부등식**이라고 합니다.

(일차식)>0, (일차식)<0, (일차식)≥ 0, (일차식)≤ 0

2 해가 '$x>2$'가 되는 부등식을 2개 이상 만들어 보자. 그리고 만든 과정을 설명해 보자.

3 다음 부등식을 바르게 푼 친구는 누구인지 찾고 틀렸다면 그 이유를 써보자.

$$-3x \ge 9$$

가영이의 풀이	주원이의 풀이
나는 등식처럼 풀었어. x의 값을 구하기 위해서 -3으로 양변을 나눴어. $-3x \ge 9$ $\frac{-3x}{-3} \ge \frac{9}{-3}$ $x \ge -3$	나는 -3을 이항해서 풀었어. $-3x \ge 9$ $x \ge \frac{9}{3}$ $x \ge 3$

개념과 원리 탐구하기 8

탐구하기 3의 문제를 다시 풀어 보자.

[문제]

부등식 $3x+5\leq5x+7$의 해를 구하시오.

1 두 친구가 위의 부등식을 푼 과정을 보고, 옳게 풀었는지 판단해 보자. 그리고 그렇게 생각한 이유를 써보자.

(1) 신영이의 방법	(2) 윤혜의 방법
나는 부등호를 등호로 바꿔서 방정식을 만들어서 일단 해를 구했어. $3x+5=5x+7$ $3x-5x=7-5$ $-2x=2,\ x=-1$ $x=-1$이 부등식의 범위를 구분해 주는 기준이라고 생각해. 그래서 -1보다 큰 0을 $3x+5\leq5x+7$에 대입해 보니까 $3\times0+5\leq5\times0+7,\ 5\leq7$ 이렇게 성립하더라. 그러면 -1보다 크거나 같은 쪽에 있는 수들이 다 해가 되겠지. 해는 $x\geq-1$이야!	나는 부등식의 성질을 이용해서 풀었어. $3x+5\leq5x+7$ $3x-5x\leq7-5$ $-2x\leq2$ 드디어 양변을 -2로 나누어 주면 x의 범위가 나와. $x\geq-1$ 해는 $x\geq-1$이야!

2 일차방정식과 일차부등식의 풀이 방법을 비교하여 공통점과 차이점을 설명해 보자.

개념과 원리 탐구하기 9

1 다음은 놀이공원 매표소 앞에서 소현이와 같은 반 친구들이 나눈 대화입니다. 다음을 함께 탐구해 보자.

소현	이야! 드디어 오게 되다니! 다 모였나? 20명 이상이어야 단체인데….
주영	놀 시간이 부족하겠어. 얼른 표를 사서 들어가자.
성훈	그럼, 어떻게 하지? 각자가 알아서 표를 사야 하는 거 아닌가?
유환	아니지. 몇 장 버리게 되더라도 20명 단체 할인표를 사는 게 나을지도 몰라.

(1) 소현이네 반 친구들은 14명이라고 합니다. 이 경우에 어떻게 표를 사는 것이 유리한지 판단해 보고 그렇게 생각한 이유를 써보자.

(2) 뒤늦게 친구들이 몇 명 더 왔습니다. 이 경우에는 어떻게 표를 사는 것이 유리한지 판단해 보고 그렇게 생각한 이유를 써보자.

게임하며 탐구하기 10

일차부등식과 그 해를 찾는 일명 '짝찾기 게임'을 하려고 합니다. 다음 규칙대로 게임을 해 보자.

[규칙]

❶ 4명이 1모둠이 되어 16개의 문제 카드를 1인당 4문제씩 나누어 내가 고른 문제 카드에 적은 후 풀이 과정을 쓰고 해를 구합니다. 해는 답안 카드에 따로 옮겨 적습니다.
❷ 자신에게 주어진 문제를 모두 풀었으면 모둠원들끼리 답이 맞는지 확인합니다.
❸ 완성된 문제 카드와 답안 카드를 옆 모둠으로 넘깁니다.
❹ 옆 모둠에서 받은 문제 카드와 답안 카드를 골고루 섞어 모두 뒤집어 놓습니다.
❺ 순서를 정하여 문제 카드 1장, 답안 카드 1장을 뒤집습니다.
❻ 뒤집은 문제 카드와 답안 카드가 서로 짝이 되면 뒤집은 사람이 카드를 가져가고 한번 더 2장을 뒤집습니다.
❼ 만약 뒤집은 2장의 카드가 서로 짝이 아니면 다시 원래 자리에 뒷면이 보이도록 놓고 다음 사람으로 순서가 넘어갑니다.
❽ 카드를 가장 많이 가져가는 사람이 승리!

문제 카드

(1) $3x+5>-1$	(2) $7x-4\leq-4$	(3) $3x-2>7x+2$	(4) $2-6x\leq-4x-2$
(5) $-2x-5<9$	(6) $-4x+11\geq-9$	(7) $\frac{x-7}{3}\leq\frac{1}{2}x-3$	(8) $\frac{x}{2}+\frac{x}{3}<1$
(9) $2x<3x+2$	(10) $1>1+2x$	(11) $0.3x<0.1x+0.8$	(12) $0.5(x-2)\geq0.7x+1.2$
(13) $3x-1\leq2x-2$	(14) $2x+7\geq-2x-1$	(15) $3(x-1)\leq5(x-2)+9$	(16) $8-2(x+3)\leq3x+2$

연습장

탐구 되돌아보기

1 다음은 친구들이 그린 그림입니다. 그림을 보고 무엇을 나타내는 것인지 적고 식으로 표현해 보자.

2 다음 문장을 식으로 바꾸어 보고 이 식을 주어진 용어들을 사용하여 간단하게 설명해 보자.

> 한 개에 1200원짜리 빵 x개와 500원짜리 우유 2개를 사고 5000원을 내었더니 거스름돈을 돌려받았다.

용어

> 일차부등식, 해, 근, 방정식, 일차방정식, 부등식, 좌변, 우변, 등식, 미지수

3 **부등식의 해는 수직선을 이용하여 나타낼 수 있습니다. 다음을 함께 탐구해 보자.**

(1) 수직선 위에 파란색으로 표시된 부분은 무엇을 뜻하는지 문장과 부등식으로 나타내 보자.

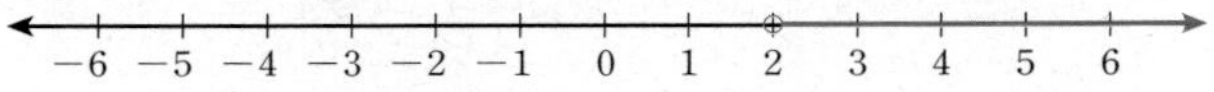

문장	식

(2) 이상, 이하, 초과, 미만을 각각 이용하여 부등식을 만들고, 이를 수직선에 나타내 보자.

	부등식	수직선
이상		⟷
이하		⟷
초과		⟷
미만		⟷

4 **$a<b$일 때, 다음 값들이 어느 쪽이 더 큰지 ◯ 안에 부등호를 써서 나타내 보자.**

(1) $a+5$ ◯ $b+5$

(2) $a-3$ ◯ $b-3$

(3) $3a$ ◯ $3b$

(4) $-5a$ ◯ $-5b$

(5) $2a-3$ ◯ $2b-3$

(6) $-3a$ ◯ $3b$

5 $\rangle$ 0이 아닌 세 수 a, b, c 사이에 다음 관계가 성립한다고 합니다.

$$\frac{b}{a}<0,\ ac>0,\ a<b,\ |a|<|c|$$

이때 세 수 a, b, c에 대해 알 수 있는 사실을 서술해 보고, 세 수 a, b, c 사이의 대소 관계를 부등호를 써서 나타내 보자.

6 $\rangle$ 다음 일차부등식을 풀어 보면서 일차부등식을 푸는 과정을 일차방정식과 비교하여 설명해 보자.

$$-x+4>3x-4$$

7 탐구하기 10에서 지훈이가 아래 문제에 대해 답안 카드를 다음과 같이 만들었습니다. 어떤 과정으로 풀었을지 생각해 보자.

〈문제 카드〉

(4)

$$2-6x\leq-4x-2$$

〈답안 카드〉

$$x\leq2$$

8 소현이는 놀이동산에서 찍은 사진을 현상하려고 합니다. 인터넷으로 회원가입을 하여 3,000원의 가입비를 내면 사진 한 장에 100원에 현상할 수 있지만, 비회원으로 현상을 하면 한 장에 120원입니다. 사진이 몇 장 이상일 때, 가입비를 내고 회원으로 가입하는 것이 유리한지 판단해 보자.

내가 만드는 수학 이야기

9 소현이는 집에 돌아와서 놀이동산에서 있었던 일을 가지고 그림일기를 썼습니다. 우리도 소현이처럼 수학과 관련된 일기를 작성해 보고, 다른 친구들이 작성한 일기도 함께 풀어 보자.

| 일기 쓰는 방법 |

① 일기가 문제의 형태가 될 수 있도록 합니다.
② 부등식을 활용하여 해결할 수 있는 문제를 만들도록 합니다.

20 년 월 일 날씨 :

제목 :

내용 :

〈그림으로 표현하기〉

〈풀이 과정〉

개념과 원리 연결하기

1 일차부등식의 풀이에서 양변에 음수를 곱하면 부등호의 방향이 바뀌는 이유를 써보자.

나의 첫 생각

다른 친구들의 생각

정리된 나의 생각

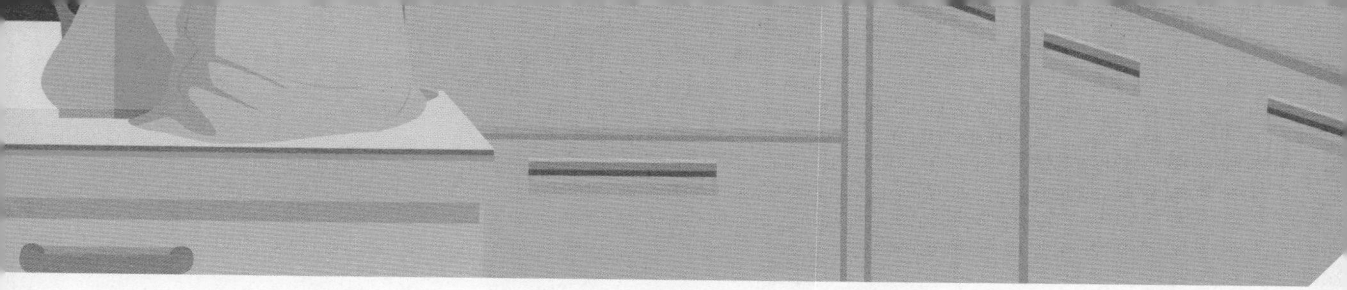

2 일차부등식의 개념을 정리해 보자.

(1) 이 단원에서 알게 된 일차부등식의 뜻과 성질에 대해 모두 정리해 보자.

(2) 일차부등식과 연결된 개념을 복습해 보자. 그리고 제시된 개념과 일차부등식 사이의 연결성을 찾아 모둠에서 함께 정리해 보자.

일차부등식과 연결된 개념	일차부등식과 관련 개념 사이의 연결성
• 이상, 이하, 초과, 미만 • 동류항 정리 • 등식과 부등식 • 등식의 성질 • (일차)방정식	

수학 학습원리 완성하기

가영이는 다음과 같은 방법으로로 탐구하기 3 [1]에 있는 문제를 해결하기 위한 자기 사고 과정을 설명했습니다.

내가 선택한 문제

1 다음을 함께 탐구해 보자. ▌준비물 : 계산기, 분홍색, 노란색 포스트잇

[문제]

부등식 $3x+5\leq5x+7$의 해를 구하시오.

가영이의 깨달음

나는 지금까지 부등식은 그냥 쉬운 계산이라고 생각했다. 방정식과 비슷한 것이라고 생각했다.

그런데 STAGE 5에서 문자가 들어간 부등식에서 이 식을 만족하는 x가 해라는 것을 알게 되었다.
방정식과 여기까지는 같다.
그런데 이 해가 무수히 많다는 것!!!!!!!!!!!!!!!!!!!
무엇보다 신기한 것은 x는 범위로 나타난다는 것을 알게 되었다.
또한 원리를 이해하니 부등식을 푸는 것이 한 가지 방법만 있는 것이 아니라
방정식을 이용해서 부등식을 풀 수 있다는 것을 알게 되었다.
빨리 풀려면 부등식의 성질을 이용해야겠지만, 방정식을 이용해서 부등식을 푸는 것이
어떤 면에서는 나는 아직은 더 편하다.
그래도 새로운 방법을 배워서 기분이 좋다.

수학 학습원리

학습원리 5. 여러 가지 수학 개념 연결하기

1 가영이의 설명에서 여러분은 다른 학습원리를 발견할 수 있는지 찾아보자.

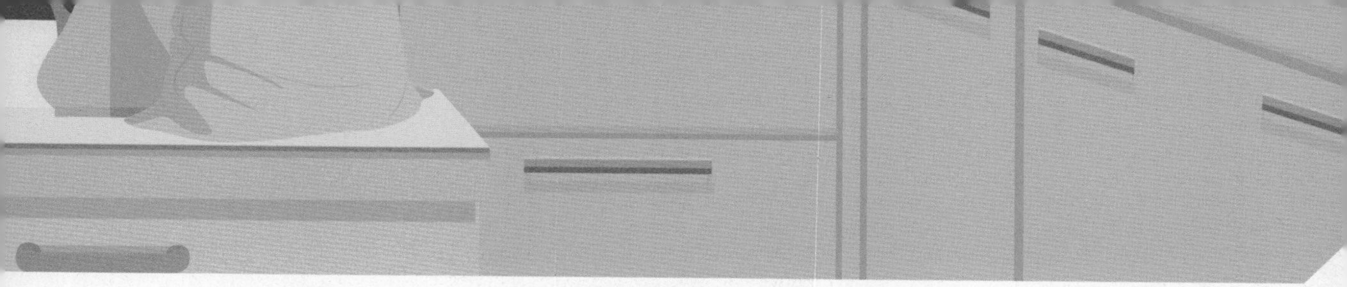

2 가영이가 한 것처럼 여러분도 이 단원의 다른 문제를 선택하여 해결하는 사고 과정을 설명해 보고 사용한 수학 학습원리를 찾아보자.

내가 선택한 문제

나의 깨달음

수학 학습원리

수학 학습원리

1. 끈기 있는 태도와 자신감 기르기
2. 관찰하는 습관을 통해 규칙성 표현하기
3. 수학적 추론을 통해 자신의 생각 설명하기
4. 수학적 의사소통 능력 기르기
5. 여러 가지 수학 개념 연결하기

〈사진 자료 출처〉

게티 (상) 13쪽, 71쪽

셔터스톡 (하) 39쪽, 58쪽, 78쪽

〈참고 자료〉

- 고지마 히로유키, 《수학으로 생각한다》, 동아시아, 2008.
- 남경운·서동석·이경은, 《아이들이 몰입하는 수업디자인》, 맘에드림, 2014.
- 마거릿 스미스·메리 케이 스테인, 《효과적인 수학적 논의를 위해 교사가 알아야 할 5가지 관행》, 경문사, 2013.
- 서동석·남경운·박미경·서은지·이경은·전경아·조윤성, 《교사들이 함께 성장하는 수업》, 맘에드림, 2016.
- 유클리드·토마스 히드, 《기하학 원론 해설서》, 교우사, 1998.
- 최수일, 《지금 가르치는 게 수학 맞습니까?》, 비아북, 2017.
- Horola P. Fawcett, 《증명의 본질》, 경문사, 2006.
- Tomas P. Carpenter 등, 《수학적 사고하기》, 교육과학사, 2010.

발간 책임

사교육걱정없는세상 수학사교육포럼

집필 기획

최수일 (사교육걱정없는세상 수학사교육포럼)

이경은 (사교육걱정없는세상 수학사교육포럼)

고여진 (사교육걱정없는세상 수학사교육포럼)

집필자

고여진 (사교육걱정없는세상)

국중석 (충남 꿈의학교)

김도훈 (인천 인하대학교사범대학부속중학교)

김미영 (충남 대천중학교)

김성수 (경기 덕양중학교)

김수철 (대구 대구가톨릭대학교)

서미나 (대구 경서중학교)

송현숙 (인천 백석중학교)

안창호 (인천 진산과학고등학교)

오정 (강원 사북중학교)

유영의 (인천 선학중학교)

이경은 (서울 서울대학교사범대학부설중학교)

이경은 (서울 영림중학교)

이선영 (경기 경기북과학고등학교)

이선재 (경기 정왕중학교)

조균제 (충남 꿈의학교)

조미영 (인천 관교중학교)

조숙영 (서울 시흥중학교)

최수일 (사교육걱정없는세상)

황선희 (서울 혜원여자중학교)

실험학교 교사

강혜란 (서울 염경중학교)
김도훈 (인천 인하대학교사범대학부속중학교)
김성수 (경기 덕양중학교)
김재호 (경기 성문밖학교)
설경미 (서울 내곡중학교)
송현숙 (인천 백석중학교)
심희원 (강원 북원여자중학교)
유영의 (인천 선학중학교)
이경은 (서울 서울대학교사범대학부설중학교)
이정현 (경기 푸른숲발도르프학교)
이진선 (서울 양서중학교)
이진실 (경기 소명중고등학교)
정세령 (경기 샘물중고등학교)
정세연 (서울 월촌중학교)
정혜영 (서울 문성중학교)
최민기 (경기 소명중고등학교)

자문위원

강은주 (총신대학교 유아교육과 교수)
강주용 (마산사교육걱정없는세상 대표)
김운삼 (강동대학교 유아교육과 교수)
김주환 (안동대학교 국어교육과 교수)
남호영 (인헌고등학교 수학교사)
민경찬 (연세대학교 수학과 명예교수)
박재원 (아름다운배움 행복한공부연구소 소장)
송영준 (누원고등학교 수학교사)
윤태호 (서울 오디세이학교 교사)
이규봉 (배재대학교 전산수학과 교수)
임병욱 (가람중학교 과학교사)
조도연 (평택교육지원청 교육장)
한상근 (카이스트 수리과학과 교수)
황인각 (전남대학교 물리학과 교수)

펴낸 곳 ㈜창비교육 · 펴낸이 강일우 · 펴낸 날 2019년 1월 15일 초판 1쇄 / 2023년 2월 14일 초판 4쇄
편집 박선영 이혜선 이은영 정미란 · 일러스트 장명진 · 조판 보문미디어

주소 04004 서울특별시 마포구 월드컵로12길 7
구입 문의 전화 1833-7247 / 팩스 02-6949-0953
내용 문의 사교육걱정없는세상 수학사교육포럼 / 전화 02-797-4044

네이버에서 대안 수학 교과서 《수학의 발견》 카페를 검색해 보세요.

MEMO

MEMO

MEMO

수학의 발견

생각이 터지는 수학 교과서

중2 | 하

차 례

수학의 발견 중2 | 상

수학의 발견 중2 | 하

"이런 수학, 처음이야!"

실험학교에서 수업 시간에 《수학의 발견》 실험본으로 공부한 중학교 학생들과 학부모, 교사들의 실제 소감입니다.

"제가 수학 수업의 주인공이 되었어요!"

변선민 학생(경기 소명중학교)

《수학의 발견》을 보고 깜짝 놀란 것이 있어요. 공식을 암기하고 문제를 푸는 것에 익숙했는데, 이 책은 수학 공식을 저희가 직접 찾아가도록 하는 것이었어요. 이전에는 그런 과정을 겪은 적이 없었거든요. 그런데 이 책을 통해 우리만의 답을 찾을 수도 있고, 혹은 우리 학교만 알고 있는 그런 공식도 만들어 낼 수도 있을 것 같았어요. 문득 "아, 내가 수학 수업의 주인공이 될 수 있구나!" 하는 생각이 들어 수업에 더욱 흥미가 생겼어요.

"수학이 뻔하지 않아서 좋았어요."

안준선 학생(강원 북원여자중학교)

초등학생 때부터 수학이 너무 싫었어요. 그런데 《수학의 발견》으로 수업하면서 수업이 재미있어지더라고요. 이 책은 뻔하지 않아서 좋았어요. 옛날에는 어려운 문제가 나오면 그냥 안 풀고 포기했거든요. 그런데 지금은 어려운 문제가 나와도 풀고 싶은 마음이 생기고 친구들이랑 공유하면서 푸니까 더 좋아요. 다른 교과서나 문제집은 풀이를 알려 주면서 "너희는 이거 꼭 외워!"라는 식이었거든요. 그러다 보니 기계처럼 푸는 느낌이었어요. 흥미도 안 생기고. 그런데 이 책은 생각할 수 있는 시간을 주니까 기억에 남고 재미있게 풀 수 있었어요.

"이렇게 공부하면 어려운 문제를 더 잘 풀겠더라고요!"

원예연 학생(강원 북원여자중학교)

누가 그러더라고요. "이렇게 하면 입시에 나오는 어려운 문제를 풀 수 있겠냐?"라고 말이죠. 저는 풀 수 있겠다는 생각이 들었어요. 공식을 외워서 문제에 대입해 푸는 것보다는 나을 것 같고, 우리는 이런 공식이 어떻게 나왔는지 아니깐 어려운 문제가 나와도 더 좋은 답을 얻어 낼 수 있을 것 같았어요. 그리고 또 이해를 했으니깐 문제가 어렵다고 포기하지도 않을 거고요. 《수학의 발견》으로 수업할 때 개념과 개념이 서로 연결되어 있음을 발견할 수 있었던 게 도움이 되는 것 같아요.

“같은 수학인데 아이 모습이 뭔가 달랐어요.”

이진욱 학생 어머니(서울 대방중학교)

제 아이는 평소에 모르는 문제가 나오면 한두 번 고민하다 그냥 넘어갔어요. 시험 직전에서야 답이랑 풀이 과정을 눈으로 훑어보며 암기하기 바빴죠. 그런데 《수학의 발견》으로 공부할 때는 문제를 대하는 태도가 평소와 다르다는 걸 느꼈어요. 처음에는 문제를 한참 바라보고만 있어서 엄마 입장에선 딴생각을 하는 걸까, 몰라서 그러는 걸까 물어보고 싶었지만 꾹 참고 그냥 지켜 보았어요. 조금 있으니 자기 생각을 적기도 하고 고개도 갸우뚱거리면서 스스로 푸는 과정을 고민하는 모습이 너무 예쁘더라고요. 같은 수학인데 뭔가 다르다고 하는 우리 아들이 참 기특해 보였어요.

“다시는 강의식 수업으로 돌아갈 수 없겠어요.”

정혜영 교사(서울 문성중학교)

저는 강의식 수업을 굉장히 좋아했어요. 아이들도 콤팩트한 수업을 잘 이해하는 줄 알았지요. 나중에 알고 보니 아이들이 이해하지 못한 채 집중하는 척했던 것이더라고요. 《수학의 발견》으로 수업한 뒤 달라졌어요. 말로만 듣던 학생 참여 중심 수업과 딱 맞아떨어졌죠. 모둠 토론에 익숙해지니 지금은 제가 설명해 주고 넘어가면 아이들이 싫어해요. 자기들이 공부할 수 있는 시간을 달라는 거죠. 자기들끼리 이야기하고 생각해서 문제를 해결하는 것을 아이들이 얼마나 소중하게 생각하고 좋아하는지 알게 되었어요. 지금 저는 “아, 이제 그 맛을 알았으니 돌아갈 수 없는 강을 건넜구나!” 그런 심정입니다. 다시는 강의식 수업으로 돌아갈 수 없겠어요.

“어차피 만들어야 할 수학 활동지가 여기 다 있네요!”

김은주 교사(강원 북원여자중학교)

《수학의 발견》 샘플 단원을 처음 만났을 때, 기존 교과서에서는 볼 수 없는 문제들, 아이들이 “어, 이거 뭐지?” 그렇게 궁금해할 형태의 문제였습니다. 저는 평소에도 그런 문제를 가지고 수업을 해 보고 싶었지만 혼자 하는 데는 한계가 많았습니다. 그래서 샘플 자료를 보면서 “와~ 이것 너무 좋다. 빨리 나왔으면 좋겠다.”라고 생각했고, 실험학교 참여 제안이 와서 기쁜 마음으로 응했습니다. 어차피 수업 활동지 자료를 애써 만들어야 하는데 이미 다 있으니 얼마나 좋았던지. 일 년 동안 정말 많이 배웠습니다.

《수학의 발견》, "이렇게 사용하세요!"

책의 구성

《수학의 발견》에 있는 문제는 대부분 똑같은 정답이 아니라 나만의 답을 써야 합니다. 나만의 답을 쓰는 과정에서 수학의 개념과 원리를 발견하고 연결하는 방법을 알아 갈 것입니다. 이 책으로 공부할 때는 끈기를 가지고, 관찰하고, 추론하고, 분석해 보세요. 내가 찾은 개념과 원리를 서로 연결하고 그 속에서 수학을 발견하는 기쁨을 맛볼 수 있을 것입니다.

STEP 1 개념과 원리 탐구하기

개념과 원리 탐구하기는 문제를 탐구하면서 수학적 원리를 발견하고 터득하는 과정입니다. 처음에는 어려울 수 있지만 나의 생각을 끄집어내고 발전시키는 것부터 연습하세요. 내가 알고 있는 것, 내가 알아낸 것이 부족해 보여도 탐구하기 문제에 대한 나의 생각을 쓰고 친구들과 토론하는 과정에서 다듬어질 것입니다.

탐구하기 1

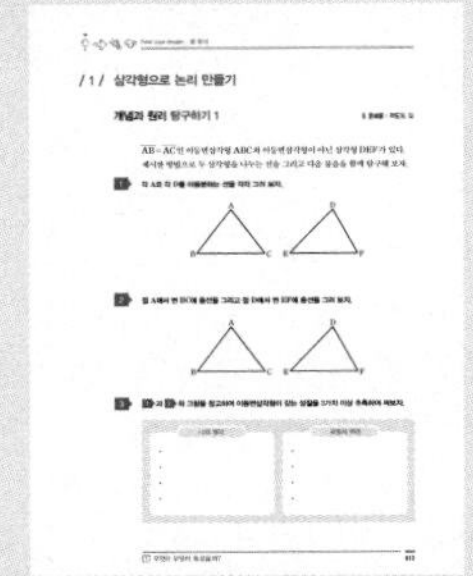

탐구하기 2

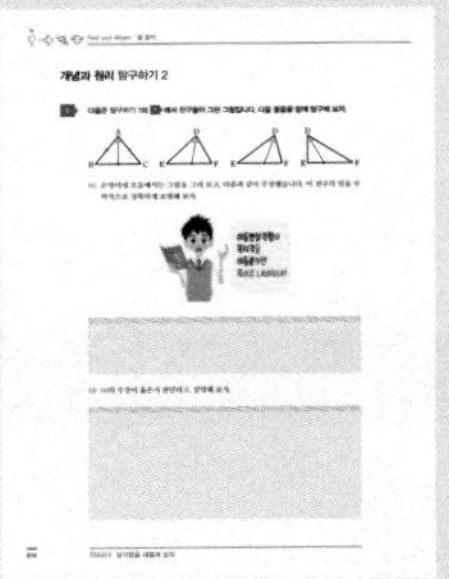

탐구하기 3

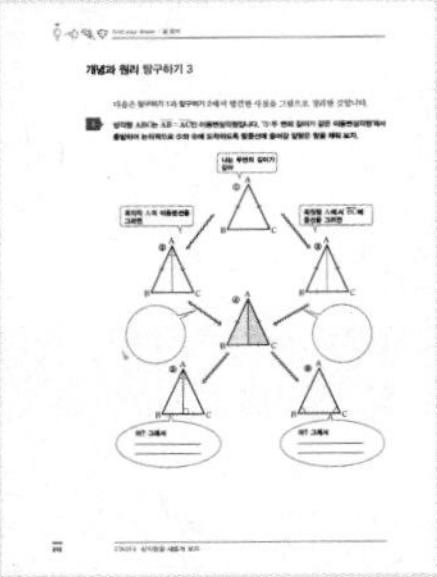

+ 탐구 되돌아보기

'개념과 원리 탐구하기'에서 알게 된 내용을 한 번 더 확실하게 다지는 부분입니다. 친구들과 토론한 이야기, 선생님에게 들은 이야기를 내가 얼마만큼 소화했는지 혼자 정리해 볼 수 있습니다.

STEP 2 개념과 원리 연결하기

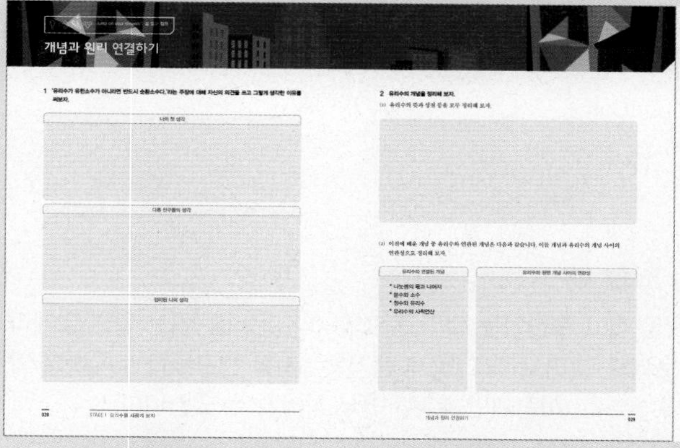

새로 배운 주요 개념을 정리하는 과정에서 내 머릿속의 수학 개념을 종합하고 확장해 가는 코너입니다. 이 과정에서는 새로 배운 개념과 예전에 배웠던 개념 중 관련 있는 것을 서로 연결하는 것이 중요합니다. 수학 개념은 신기하게도 서로 연결할 수 있답니다. 그 연결고리를 찾는 순간 배움의 짜릿함을 느낄 수 있고, 그 느낌은 다른 수학 개념이 알고 싶어지는 동기가 됩니다.

STEP 3 수학 학습원리 완성하기

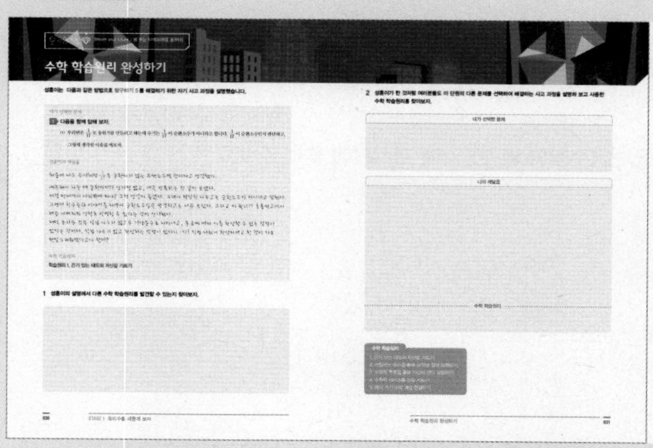

수학 학습원리 완성하기에서는 '개념과 원리 탐구하기'와 '개념과 원리 연결하기'를 공부하면서 내가 어떤 수학 학습원리를 사용했는지 돌아봅니다. 수학을 잘하기 위해서는 많은 문제를 풀어야 할 것 같지만 그 속에 사용된 원리만 파악하면 모든 문제를 쉽게 해결할 수 있습니다. 내가 어떻게 문제를 해결했는지 돌아보고 다른 친구는 어떻게 해결했는지 비교하는 과정에서 학습원리를 내 것으로 만들어 보세요.

이 책을 사용하는 학생에게

1

기존 교과서로 학습하기 전에 《수학의 발견》 먼저!

《수학의 발견》으로 수학 개념을 먼저 탐구합니다. 그런 후 기존 교과서를 참고하세요. 《수학의 발견》은 공식, 풀이 방법, 답을 바로 알려 주지 않고 생각하고 탐구할 시간을 줍니다. 그 시간을 가져야 여러분들이 '생각하는 방법'을 배울 수 있습니다.

2

함께 토론할 수 있는 친구들이 있을 때

맞았는지 틀렸는지를 떠나서 내 생각을 찾고 표현하는 것이 중요합니다. 문제를 읽고 일단 짧게라도 나만의 생각이나 주장을 만들어 보세요. 그리고 왜 그렇게 생각했는지를 친구들과 토론하며 답을 완성하고, 수학 개념을 찾아갑니다. 혼자는 어렵지만 토론하면서 찾아갈 수 있습니다.

3

혼자 《수학의 발견》으로 공부할 때

혼자 공부할 때도 먼저 내 생각을 쓴 뒤에 《수학의 발견 해설서》에 있는 〈예상 답안〉을 확인해 보세요. 《수학의 발견》에 있는 탐구 활동은 대부분 답이 하나가 아니라 여러 가지일 수 있습니다. 그래서 가능한 많은 친구들의 답을 실었습니다. 여러분이 찾은 답과 일치할 수도 있고 약간 다를 수도 있습니다. 달라도 틀렸다고 생각하지 말고, 다른 답과 비교하며 수정 · 보완해 보세요.

▶ 이 책의 문제와 관련된 질문은 네이버에 있는 **《수학의 발견》** 카페 게시판에 올려 주세요.

이 책을 사용하는 선생님에게

1

2015 개정 교육과정에 맞춘 《수학의 발견》

《수학의 발견》은 2015 개정 교육과정이 요구하는 수학 교과 지식 체계 편성에 맞추어 구성하였습니다. 따라서 이 책으로만 수업해도 전혀 문제가 안 됩니다. 물론 학교에서 쓰는 수학 교과서와 함께 쓸 수도 있습니다. 선생님의 재량을 펼칠 수 있을 때는 이 책을 주로 활용하면서 기존 교과서를 보조 자료로 쓰고, 그렇지 않다면 꼭 필요한 부분만 뽑아 대안 교재로 활용할 수도 있습니다.

2

학생 참여 중심 수업을 위한 워크북과 꽉 찬 해설서

일반적인 교과서나 문제집을 생각하면 《수학의 발견》은 불편한 구조입니다. 학생 스스로 개념과 원리, 문제를 푸는 길을 발견하고 찾아내도록 유도하는 워크북 형태로 구성했기 때문입니다. 따라서 《수학의 발견》은 모둠별 수업 등 학생 참여 중심 수업을 적극적으로 도입해야 그 효과가 커집니다. 보다 상세한 설명이 필요하다면 해설서를 활용하면 됩니다.

3

우열을 가리지 않아도 되는 모둠 토론

모둠을 구성할 때, 수학 성적에 따라 학생들을 수준별로 편성하지 않고 뒤섞는 것이 좋습니다. 《수학의 발견》으로 수업할 경우, 수학 지식이 부족한 학생들도 자기 생각을 표현하고 창의적인 아이디어를 내며 얼마든지 모둠에 기여할 수 있습니다.

▶ 이 책으로 수업을 하는 선생님을 위해 네이버에 **《수학의 발견》** 카페를 준비했습니다.

STAGE 6

삼각형을 새롭게 보자

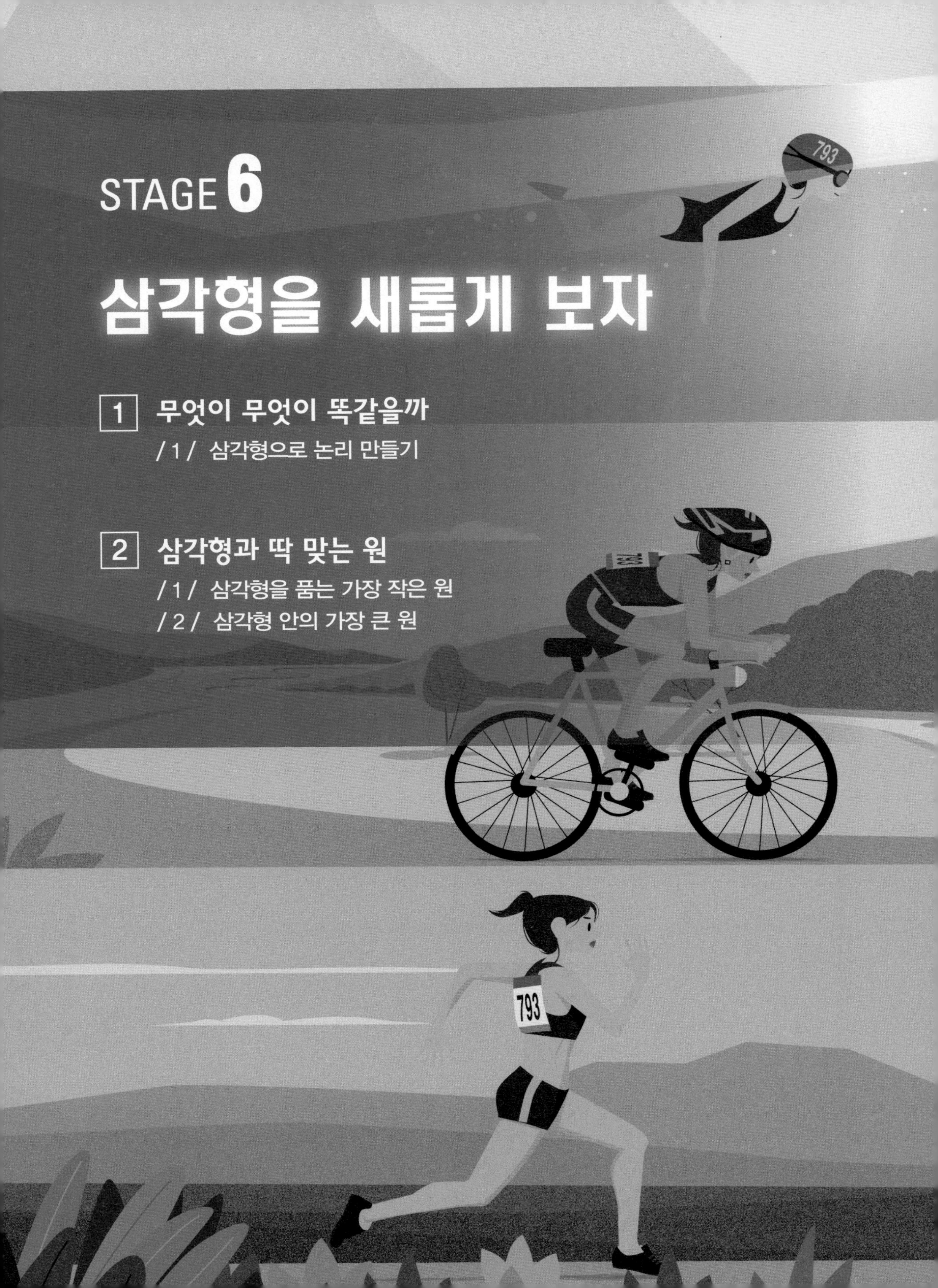

철인 3종 경기 선수

힘겨운 운동으로 정평이 난 '철인 3종 경기'는 수영, 사이클, 달리기가 결합된 종목입니다. 3가지 운동이 모여 '3종'이라는 이름이 붙었지만, 체력, 끈기, 도전 의식 3가지가 없으면 해낼 수 없는 종목이기도 해요. 이번 단원에서는 점 3개와 선 3개가 모여 만들어 내는 삼각형의 성질에 대해 배웁니다. 어쩌면 체력, 끈기, 도전 의식은 공부할 때도 필요한 것 같아요.

1 무엇이 무엇이 똑같을까

사장교는 커다란 주탑을 세우고 주탑에 여러 개의 케이블을 달아 교량의 상판을 지탱하는 다리입니다. 사장교는 바람에 강하고 안정성이 있어서 긴 다리를 세울 때 주로 사용합니다. 사장교의 구조에서 삼각형 모양을 찾을 수 있습니다. 이처럼 우리 주변에는 삼각형을 기본으로 하는 건축물을 쉽게 볼 수 있습니다. 삼각형은 변의 길이만 정해지면 모양이 절대 변형되지 않아서 지붕과 다리와 같은 큰 건축물에 많이 활용됩니다. 안정적인 구조가 필요한 행글라이더나 종이비행기에서는 이등변삼각형을 쉽게 찾아 볼 수 있습니다.

이 단원에서는 이등변삼각형이 가지고 있는 여러 가지 성질들을 배우게 됩니다. 그리고 어떤 논리적인 과정을 거쳐서 그 성질들을 명확하게 확인할 수 있는지 탐구해 봅시다.

/1/ 삼각형으로 논리 만들기

개념과 원리 탐구하기 1

▌준비물 : 각도기, 자

$\overline{AB}=\overline{AC}$인 이등변삼각형 ABC와 이등변삼각형이 아닌 삼각형 DEF가 있다. 제시한 방법으로 두 삼각형을 나누는 선을 그리고 다음을 함께 탐구해 보자.

1 각 **A**와 각 **D**를 이등분하는 선을 각각 그려 보자.

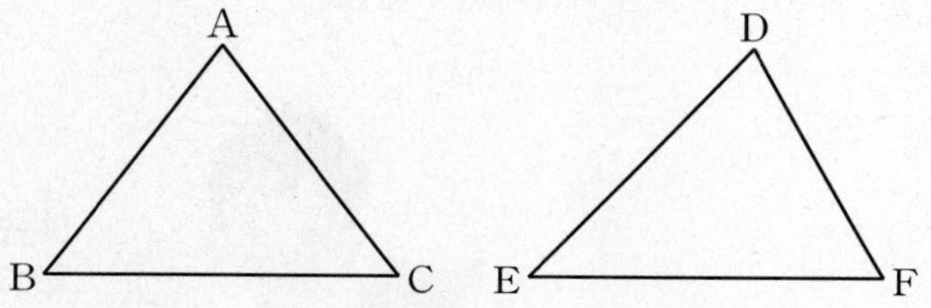

2 삼각형에서 한 꼭짓점과 그 대변의 중점을 이은 선분을 **중선**이라고 합니다. 점 **A**에서 변 **BC**에 중선을 그리고 점 **D**에서 변 **EF**에 중선을 그려 보자.

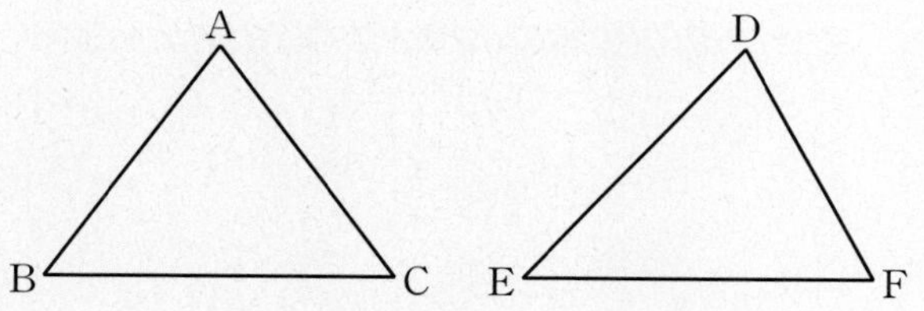

3 **1** 과 **2** 의 그림을 참고하여 이등변삼각형이 갖는 성질을 3가지 이상 추측하여 써보자.

나의 생각	모둠의 의견
·	·
·	·
·	·
·	·

개념과 원리 탐구하기 2

1 **다음은 탐구하기 1의 1 에서 친구들이 그린 그림입니다. 다음을 함께 탐구해 보자.**

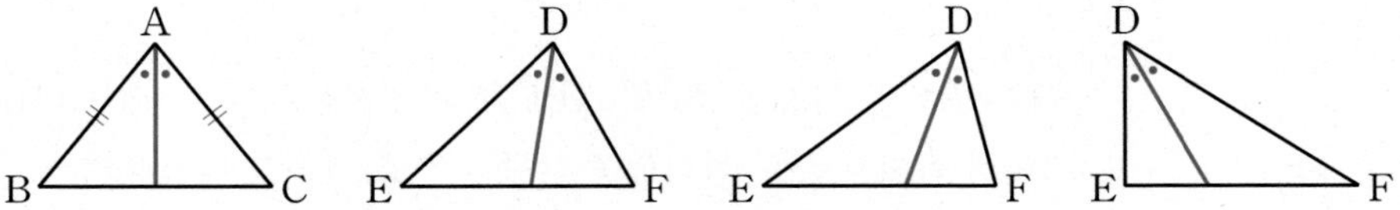

(1) 은영이네 모둠에서는 그림을 그려 보고, 다음과 같이 주장했습니다. 이 친구의 말을 수학적으로 정확하게 표현해 보자.

(2) (1)의 주장이 옳은지 판단하고, 설명해 보자.

2 **다음은 탐구하기 1의 1, 2에서 친구들이 그린 그림입니다. 다음을 함께 탐구해 보자.**

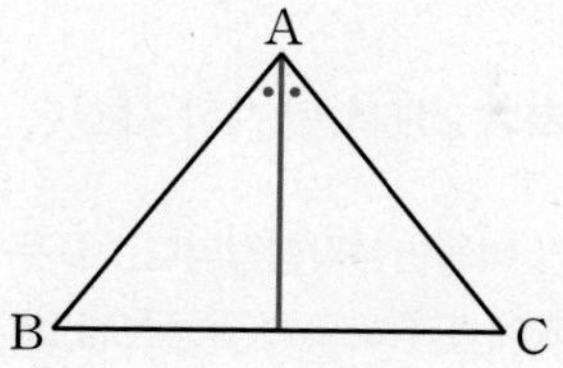

(1) 여진이는 그림을 그려 보고 다음과 같이 친구에게 물었습니다. 이 질문에 답해 보자.

(2) 이등변삼각형은 두 변의 길이가 같은 삼각형이라고 할 때, 그림과 같은 삼각형이 이등변삼각형인지 판단하고, 그렇게 생각한 이유를 써보자.

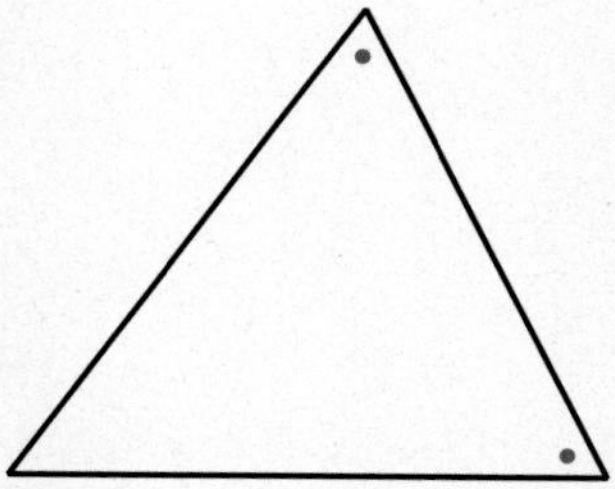

개념과 원리 탐구하기 3

다음은 **탐구하기 1**과 **탐구하기 2**에서 발견한 사실을 그림으로 정리한 것입니다.

1 **삼각형 ABC는 $\overline{AB}=\overline{AC}$인 이등변삼각형입니다. '① 두 변의 길이가 같은 이등변삼각형'에서 출발하여 논리적으로 ⑤와 ⑥에 도착하도록 말풍선에 들어갈 알맞은 말을 채워 보자.**

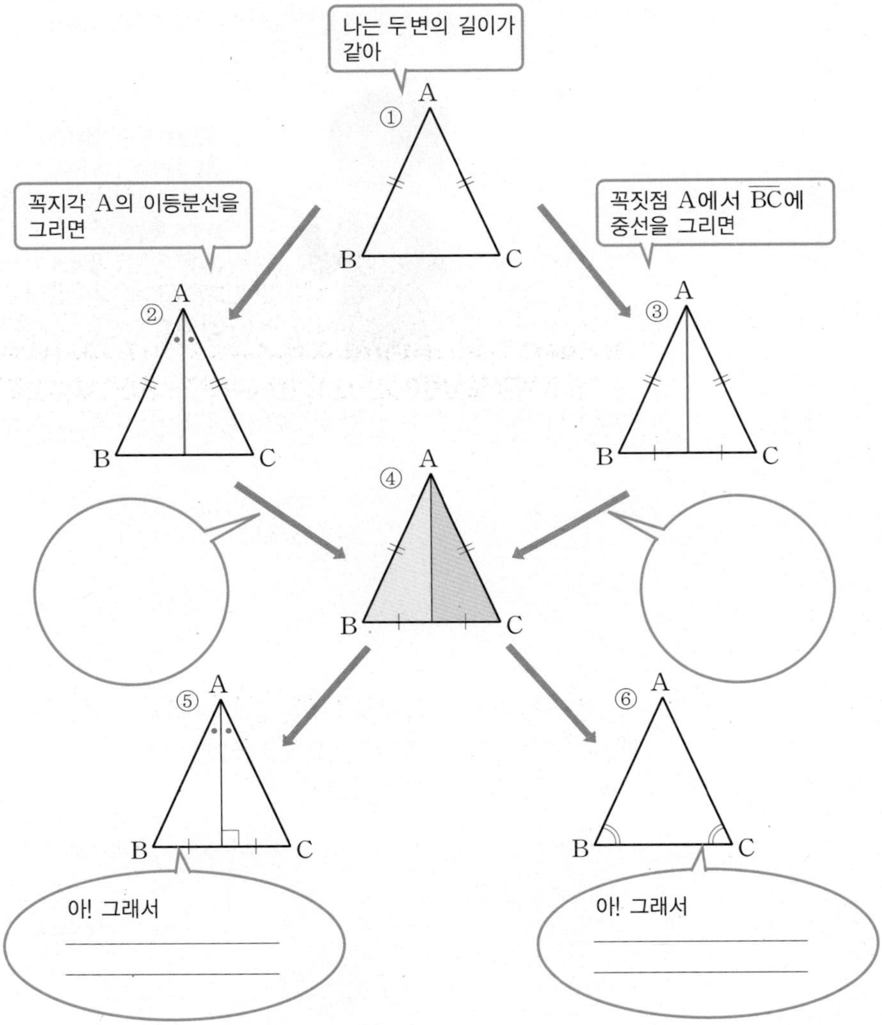

개념과 원리 탐구하기 4

1 두 삼각형 ABC와 DEF에서
$\angle C = \angle F = 90^\circ$, $\overline{AB} = \overline{DE}$, $\angle A = \angle D$입니다.
이때, $\triangle ABC$와 $\triangle DEF$가 합동인지 판단하고
그렇게 생각한 이유를 설명해 보자.

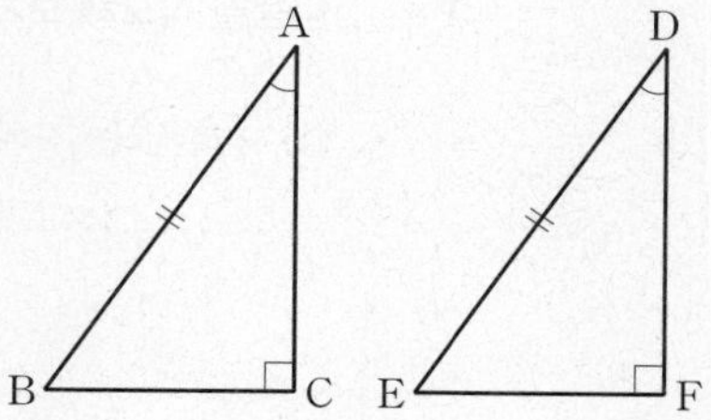

2 다음은 빗변의 길이와 다른 한 변의 길이가 각각 같은 두 직각삼각형이 서로 합동인지 알아보는 친구들의 대화입니다. 이 대화를 참고하여 $\triangle ABC$와 $\triangle DEF$가 합동인지 판단하고 그렇게 생각한 이유를 설명해 보자.

현주: 아무리 봐도 SSS, SAS, ASA합동이 다 안돼!

민정: 진짜 뭔가 조건이 다 부족하네. 합동이라고 말할 수가 없어.

신영: 그런데 모양은 왠지 꼭 합동일 것 같은데, 방법이 있을거야. $\overline{AC} = \overline{DF}$니까 삼각형 DEF를 돌려서 붙여 보자. $\angle C$와 $\angle F$가 90°니까 일직선이 되네.

현주: 와우! 삼각형 ABE가 이등변삼각형이야.

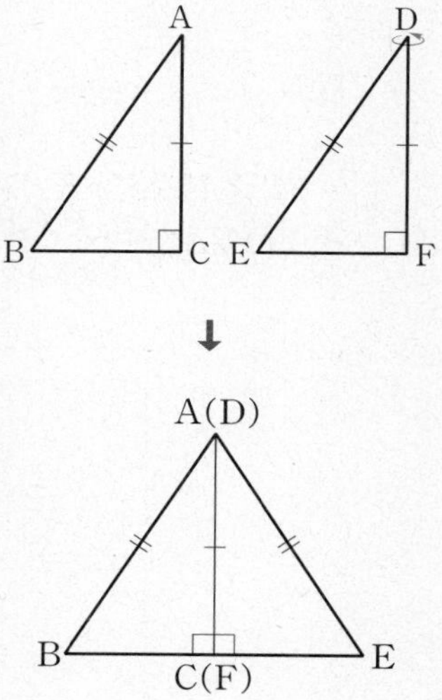

3 두 직각삼각형이 합동인지 판단하는 방법을 **1** 과 **2** 를 이용하여 정리해 보자.

탐구 되돌아보기

▌준비물 : 눈금없는 자, 컴퍼스

1 다음을 작도해 보자.

(1) 눈금없는 자와 컴퍼스를 이용하여 이등변삼각형을 작도해 보자.

(2) 선분 BC의 수직이등분선을 작도하고 이를 이용하여 이등변삼각형을 만들어 보자. 그리고 만든 삼각형이 이등변삼각형인지 설명해 보자.

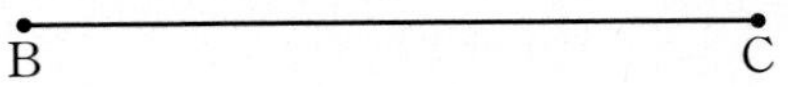

2 다음은 친구들이 $\overline{AB}=\overline{AC}$인 이등변삼각형에서 두 밑각의 크기가 같음을 설명한 과정입니다. 친구들의 설명이 옳으면 ○표를 하고 틀렸으면 ×표를 하고 틀린 이유를 쓰고, 옳게 고쳐 보자.

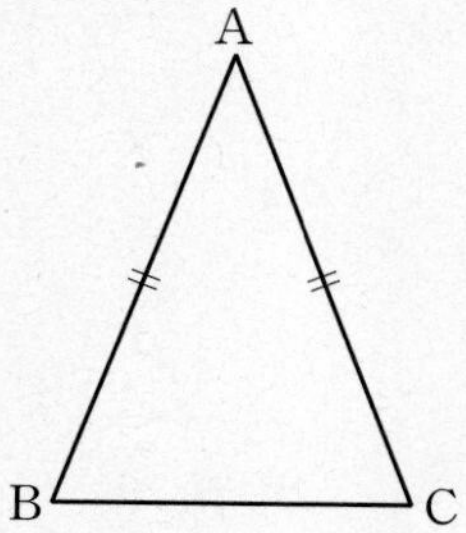

(1)

세령 나는 꼭지각에서 '각의 이등분선'을 그렸어. 이렇게 쪼개어진 두 삼각형은 SAS 합동이야. (　　　　　)

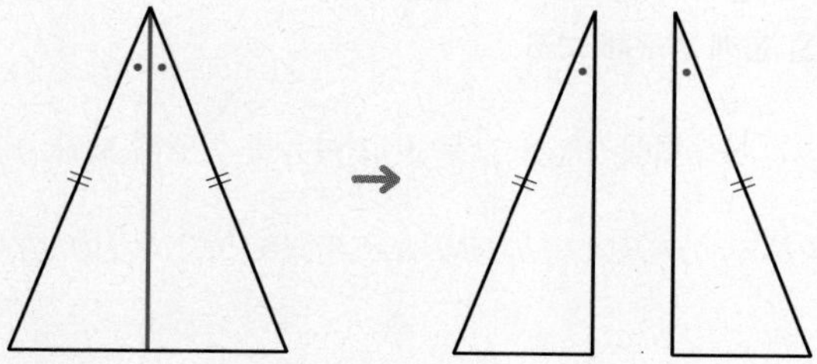

(2)

희원 나는 꼭지각에서 밑변에 '중선'을 내렸어. 이렇게 쪼개어도 두 삼각형은 SAS 합동이 되네! (　　　　　)

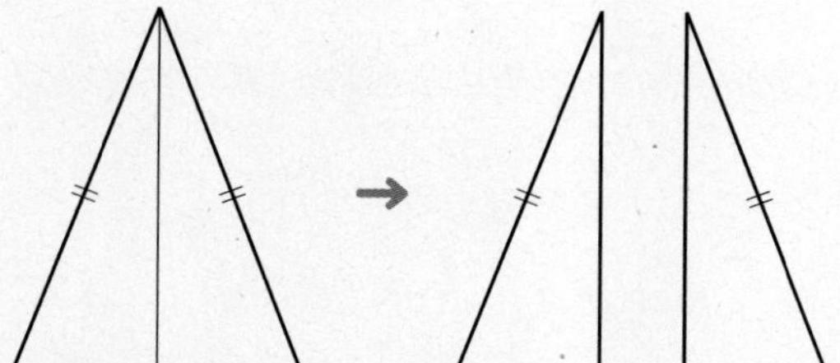

3 오른쪽 그림은 $\overline{AB}=\overline{AC}$인 이등변삼각형입니다. 그림에서 이등변삼각형을 모두 찾고, 그렇게 생각한 이유를 써보자.

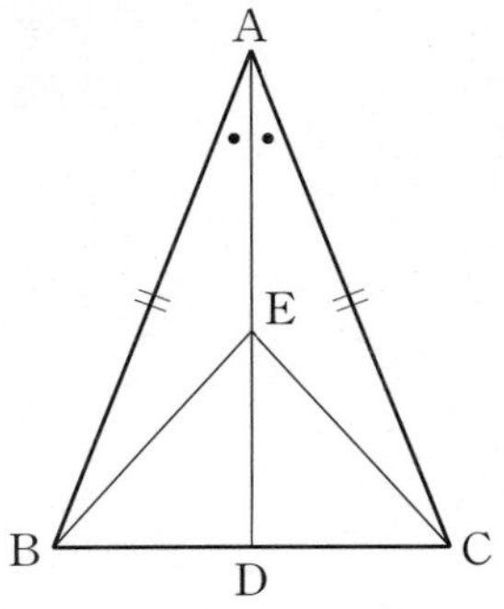

4 오른쪽 그림과 같이 $\overline{AB}=\overline{AC}$인 이등변삼각형 ABC에서 ∠B의 이등분선과 변 AC의 교점을 D라고 합니다. ∠C=72°일 때, 다음을 함께 탐구해 보자.

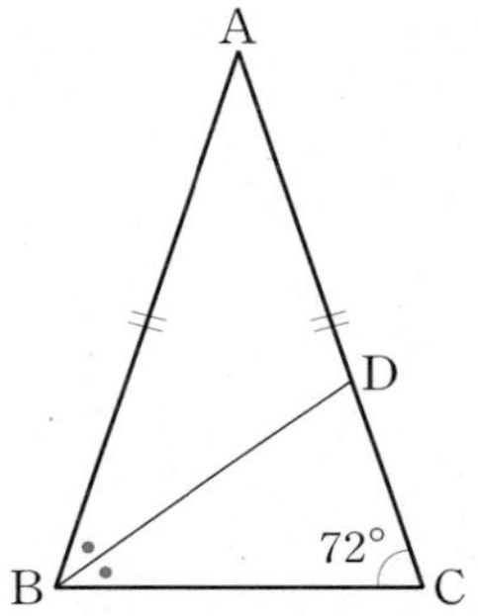

(1) 이등변삼각형을 모두 찾고 이유를 설명해 보자.

(2) △BCD 안에 자와 컴퍼스를 이용하여 이등변삼각형을 그리고 방법을 설명해 보자.

5 **다음을 함께 탐구해 보자.**

(1) 다음 그림은 $\overline{AB}$의 수직이등이등분선을 작도하는 과정입니다. 이 수직이등분선 위의 임의의 점 P에서 두 점 A, B까지의 거리를 재어 보자. 수직이등분선 위의 또다른 점 Q, R를 잡아 두 점 A, B까지의 거리를 재어 보자.

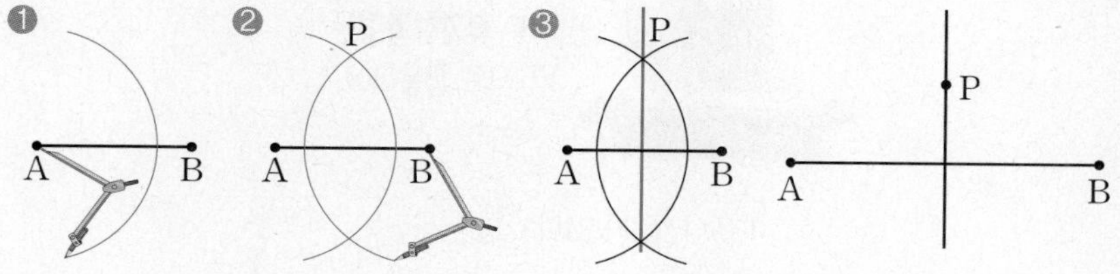

(2) (1)에서 발견할 수 있는 수직이등분선의 성질을 쓰고 그 이유를 설명해 보자.

(3) 오른쪽 그림은 두 점 A와 B를 동시에 지나는 원을 작도한 것입니다. 각 원의 중심을 이으면 한 직선이 됩니다. 이 직선과 선분 AB 사이의 관계를 쓰고, 그렇게 생각한 이유를 설명해 보자. (단, 선분 AB는 원 O의 지름입니다.)

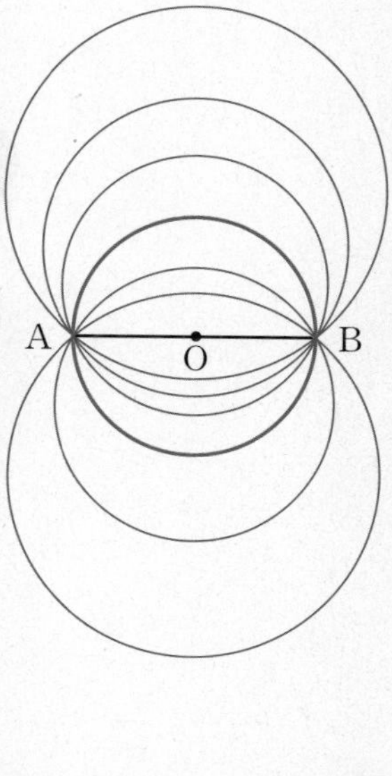

6 다음 세 친구의 말이 각각 옳은지 옳지 않은지 표시하고 그 이유를 써보자.

(1)

(옳다, 옳지 않다).

왜냐하면 ---

(2)

(옳다, 옳지 않다).

왜냐하면 ---

(3)

(옳다, 옳지 않다).

왜냐하면 ---

내가 만드는 수학 이야기

7 다음 용어 중 몇 개를 포함하여 이등변삼각형에 대한 이야기를 만들어 보자.

용어

이등변삼각형, 꼭지각, 수선, 중선, 수직이등분선

제 목

2 삼각형과 딱 맞는 원

사람들이 많이 이용할 수 있는 장소를 정하기 위해서는 여러 가지 요소를 고려해야 합니다. 어떤 세 마을에서 서로 같은 거리에 있는 곳에 편의시설을 지으려고 한다면 어떤 방법을 이용할 수 있을까요? 또 어떤 삼각형 모양의 밭이 있을 때 밭 안에 가장 큰 원 모양을 그려 꽃밭을 만들려고 한다면 원의 중심을 어떻게 찾을 수 있을까요? 같은 거리와 관련이 깊은 도형 중에서는 원이 있습니다.

이 단원에서는 삼각형 안에 딱 맞는 원과 삼각형 밖에 딱 맞는 원을 그리는 방법을 탐구해 봅시다. 원과 삼각형을 탐구하며 두 도형 속에 숨겨진 같은 거리의 비밀을 발견해 봅시다.

/1/ 삼각형을 품는 가장 작은 원

개념과 원리 탐구하기 1

▌준비물 : 컴퍼스, 눈금 없는 자, 가위
161쪽 〈부록 1〉의 삼각형을 이용하세요.

1 오른쪽 삼각형의 세 꼭짓점을 동시에 지나는 원을 그리려고 합니다. 다음을 함께 탐구해 보자.

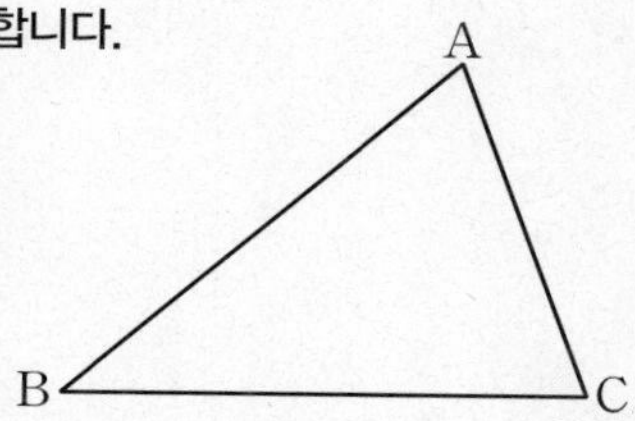

(1) 이 원의 중심은 어디쯤에 있을지 추측하여 대략적으로 찍고 왜 그곳에 원의 중심을 표시했는지 '거리'를 이용하여 설명해 보자.

삼각형의 세 꼭짓점을 동시에 지나는 원을 **외접원**이라 하고, 그 원의 중심을 **외심**이라고 합니다.

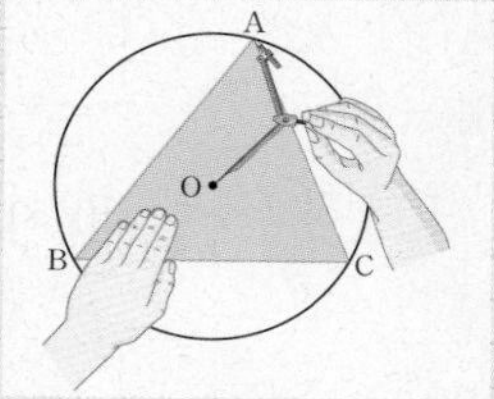

(2) 외접원을 정확하게 그리는 방법을 찾아 보고, 그렇게 생각한 이유를 논리적으로 설명해 보자.

나의 생각	모둠의 의견
·	·
·	·
·	·
·	·

2 **다음을 함께 탐구해 보자.**

(1) 각자 다음 조건에 맞는 161쪽 <부록1>의 삼각형을 오려 내어 종이를 접어 외심을 찾아 보자. 어떻게 접으면 찾을 수 있을지 모둠 친구들과 함께 논의해 보자.

① 예각삼각형

(여기 붙이세요)

② 직각삼각형

(여기 붙이세요)

③ 둔각삼각형

(여기 붙이세요)

(2) (1)에서 외접원의 반지름을 찾아 외접원을 각각 그려 보자.

개념과 원리 탐구하기 2

1 하진이는 삼각형 ABC의 외심 O를 다음과 같이 찾았습니다. $\overline{AB}$의 수직이등분선도 교점 O를 지나는지 판단하고 설명해 보자.

하진 나는 $\overline{AC}$와 $\overline{BC}$의 수직이등분선의 교점으로 외심을 찾았어!

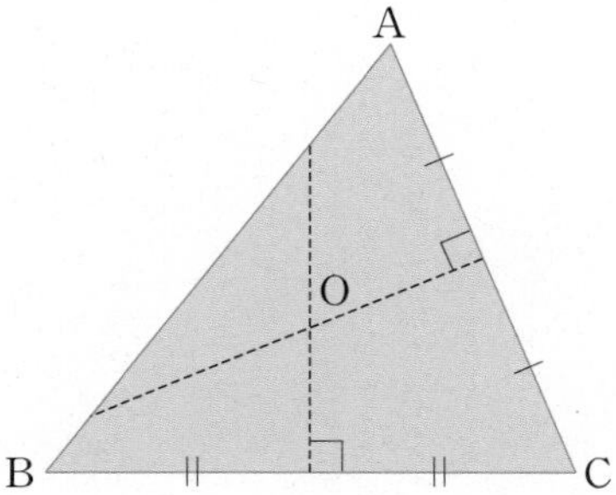

2 모든 삼각형에는 항상 외심이 있는지 없는지 판단해 보고 그렇게 생각한 이유를 설명해 보자.

3 **다음 그림에서 점 O는 삼각형 ABC의 외심입니다. 다음을 함께 탐구해 보자.**

(1) 삼각형 ABC의 외접원을 그려 보고 발견할 수 있는 성질들을 그림에 표현해 보자.

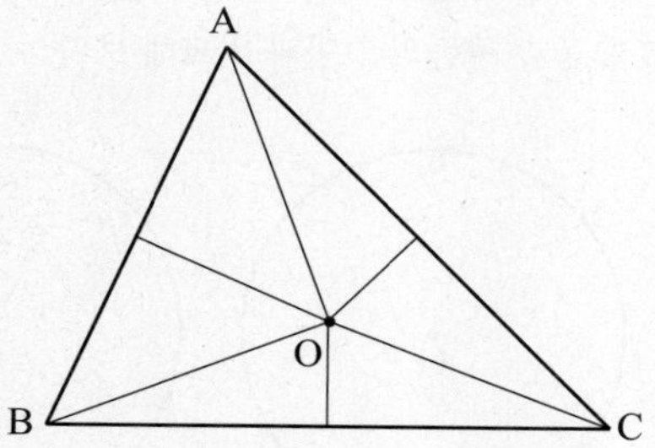

(2) (1)의 그림을 참고하여 삼각형의 외심과 관련하여 발견할 수 있는 사실을 2가지 이상 찾아 정리해 보자.

나의 생각	모둠의 의견
•	•
•	•
•	•
	•

개념과 원리 탐구하기 3

▌준비물 : 자(삼각자), 각도기, 공학적 도구

1 **다음을 함께 탐구해 보자.**

(1) 세 꼭짓점이 모두 다음 원 위에 있는 예각삼각형, 직각삼각형, 둔각삼각형을 각각 그리고 모둠 친구들의 그림과 비교해 보자.

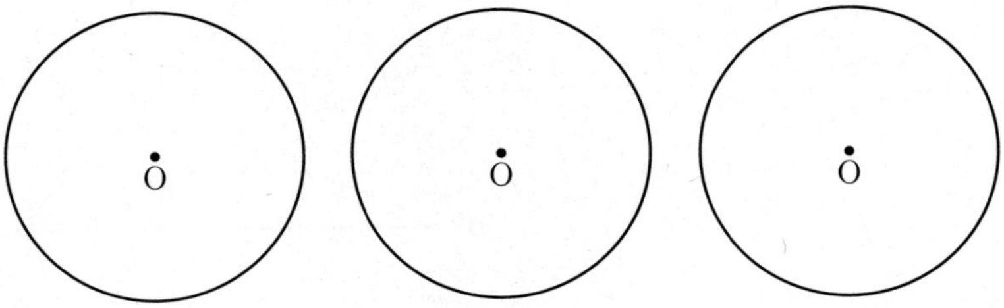

(2) (1)에서 외심의 위치에 대해 추측할 수 있는 것을 써보자.

2 **〈참고 자료〉를 보고 지오지브라(v.5)를 이용하여 1 에서 추측한 내용이 옳은지 다양한 삼각형을 통해 확인해 보자.**

〈참고〉 Geogebra 이용 방법(지오지브라 클래식 5 기준)

1 Geogebra 아이콘을 클릭합니다.

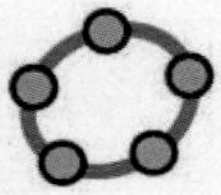

2 프로그램을 실행한 후 오른쪽에 있는 조그만 세모꼴 아이콘을 클릭하여 '기하'를 선택합니다.

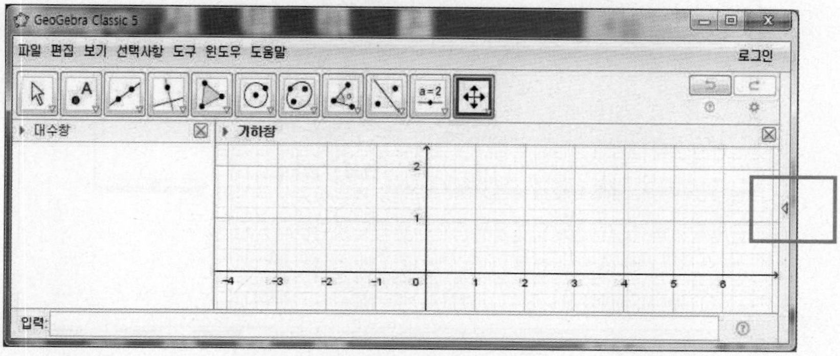

3 다각형 아이콘을 클릭한 후 다각형 메뉴를 선택하여 삼각형을 그립니다. 삼각형 전체의 위치를 이동할 때는 십자 모양의 화살표를 클릭한 후 드래그합니다.

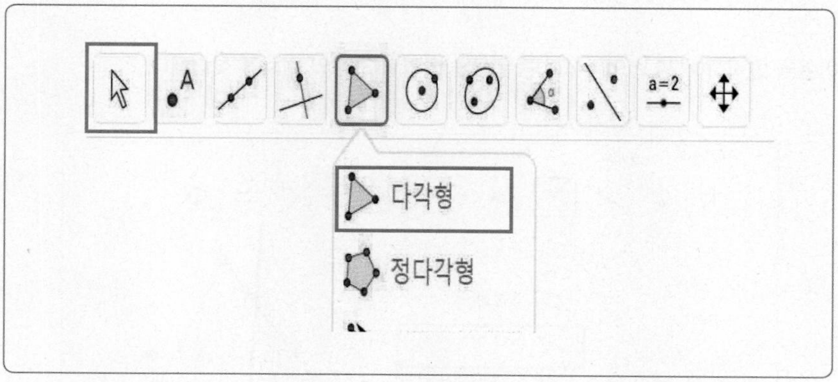

4 삼각형의 한 각의 크기를 잽니다. 메뉴에서 각 그림이 그려진 아이콘을 선택한 후 '각'을 클릭합니다. 각의 크기를 잴 때는 반시계 방향으로 각의 꼭짓점 3개를 클릭해야 합니다.
(각 B의 크기를 재려면 A → B → C 순서로 꼭짓점을 클릭합니다.)

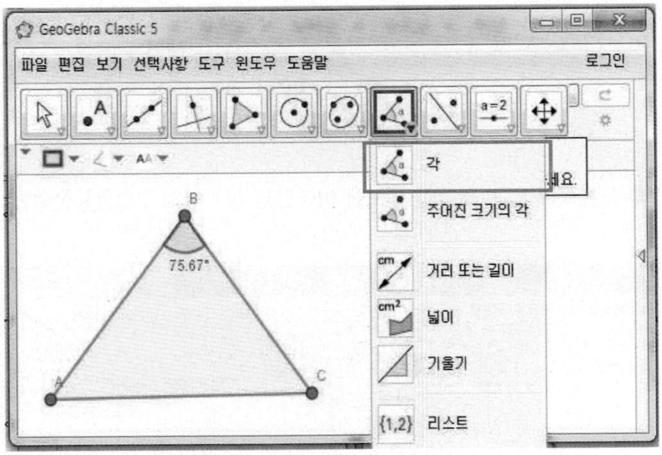

5 주어진 삼각형의 꼭짓점들을 움직여서 삼각형을 예각삼각형이 되게 조정합니다. 삼각형의 모양을 바꾸고 싶을 때는 화살표 모양의 아이콘을 클릭한 후 꼭짓점을 드래그하여 삼각형의 모양을 바꿉니다. (예각삼각형이 이미 완성되어 있는 경우에는 그대로 진행합니다.)

6 아이콘을 클릭하여 세 변의 수직이등분선을 그리고 교점의 위치를 찾습니다.

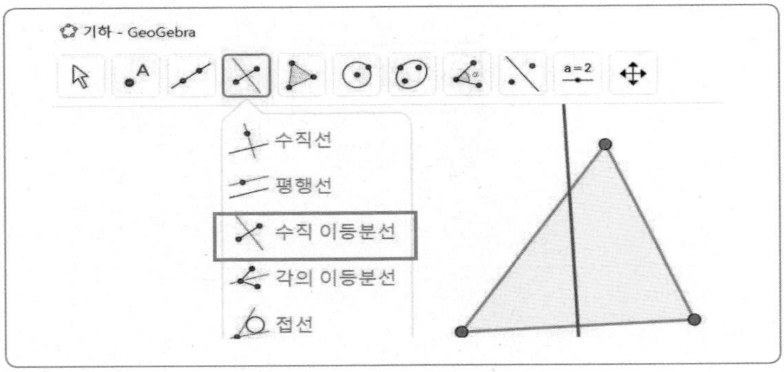

7 교점이 만들어지면 •A 아이콘을 클릭하여 세 직선의 교점을 만듭니다. 이 점이 바로 외심입니다. 이 점을 이용하여 외접원을 그립니다.

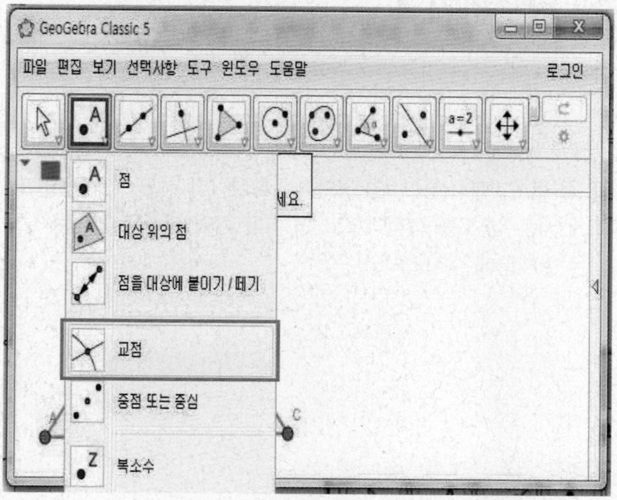

8 삼각형의 꼭짓점들을 움직여서 삼각형의 모양을 직각삼각형, 둔각삼각형으로 바꾸어 가면서 외심의 위치가 어떻게 변화하는지 관찰합니다. 삼각형의 모양을 바꾸고 싶을 때는 화살표 모양의 아이콘을 클릭한 후 꼭짓점을 드래그하여 삼각형의 모양을 바꿉니다.

/ 2 / 삼각형 안의 가장 큰 원

개념과 원리 탐구하기 4

직선 l과 원 O가 한 점 T에서 만날 때, 직선 l은 원 O에 **접한다**고 합니다. 이때, 직선 l을 원 O의 **접선**이라 하고, 원과 접선이 만나는 점 T를 **접점**이라고 합니다. 원의 접선은 접점을 지나는 반지름에 수직입니다.

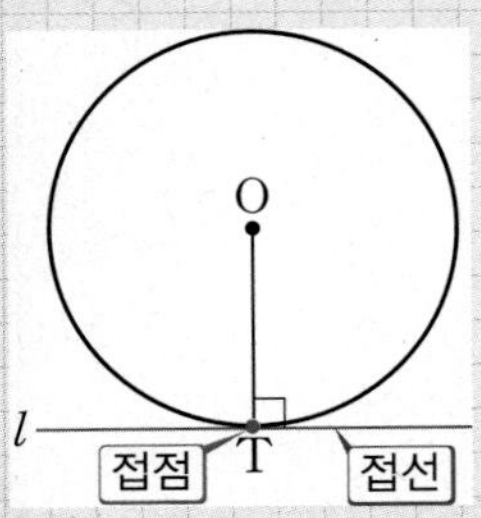

1 다음 삼각형의 세 변에 동시에 접하는 원을 그리려고 합니다. 이 원의 중심은 어디쯤에 있을지 추측하여 대략적으로 찍어 보자. 그리고 왜 그곳에 원의 중심을 표시했는지 '거리'를 이용하여 설명해 보자.

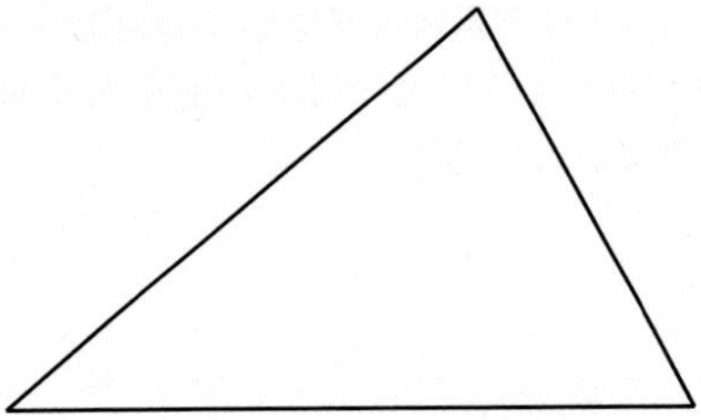

삼각형의 세 변에 동시에 접하는 원을 **내접원**이라 하고 그 원의 중심을 **내심**이라고 합니다.

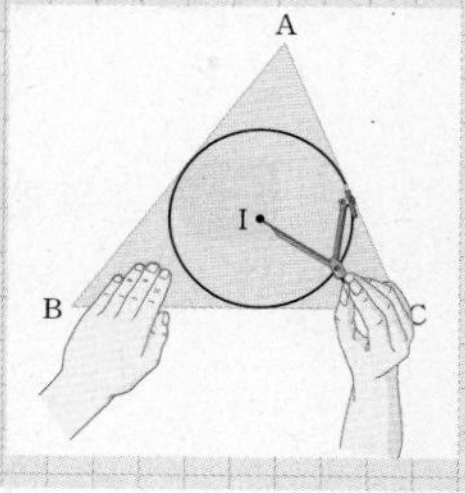

2 **다음은 각의 이등분선에 대한 두 친구의 주장입니다. 각 주장이 옳은지 판단하고 그렇게 생각한 이유를 써보자.**

동엽: 각 A의 이등분선 위의 한 점 P에서 각 A의 두 변에 내린 수선의 발을 B, C라고 하면 $\overline{PB}=\overline{PC}$다.

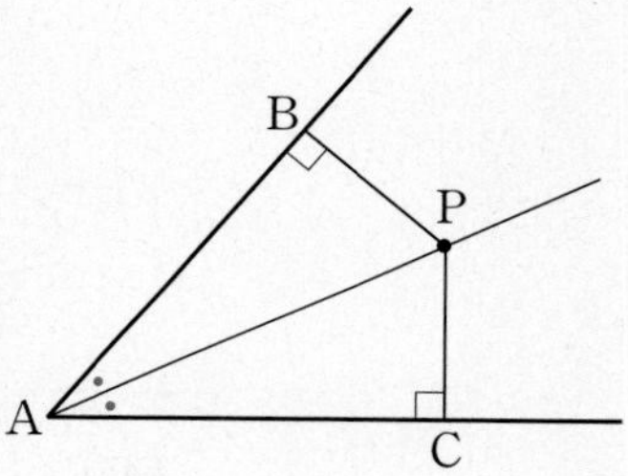

종록: 각 A의 두 변 AB, AC로부터 같은 거리에 있는 점은 각 A의 이등분선 위에 있다.

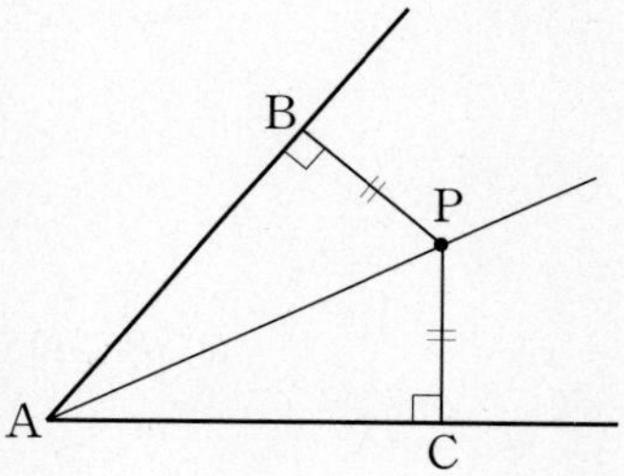

3 **2 를 참고하여 삼각형의 내접원을 정확하게 그리는 방법을 찾고, 그 이유를 논리적으로 설명해 보자.**

나의 생각	모둠의 의견

개념과 원리 탐구하기 5

▌준비물 : 자, 컴퍼스, 가위
161쪽 〈부록 1〉의 삼각형을 이용하세요.

1 **두 친구가 각의 이등분선을 접어서 삼각형의 내심을 찾고 나서 내접원을 그리려고 합니다.**

(1) 태훈이와 택진이가 주장하는 대로 원을 그려 보자.

태훈

나는 $\overline{IP}$를 반지름으로 하는 원을 그릴거야.

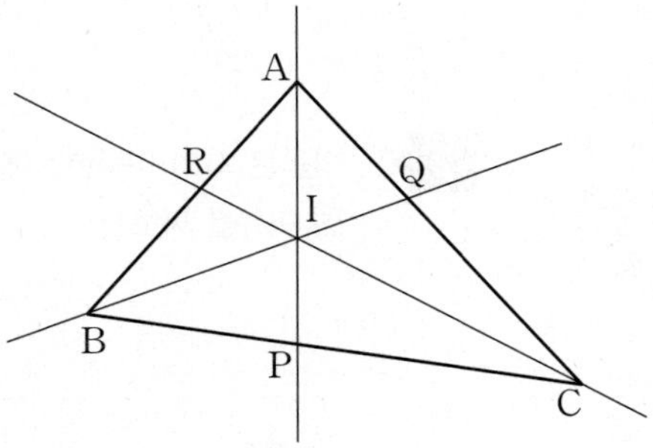

택진

나는 $\overline{IQ}$를 반지름으로 하는 원을 그릴거야.

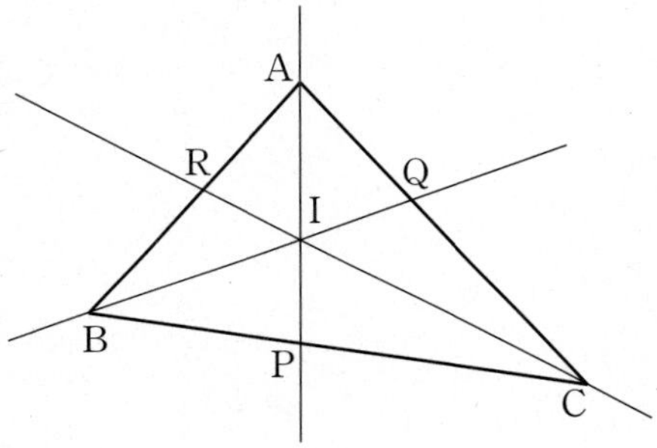

(2) 누구의 주장이 옳은지 고르고, 그렇게 생각한 이유를 써보자.

나의 생각	모둠의 의견

2 **다음을 함께 탐구해 보자.**

(1) 각자 다음 조건에 맞는 161쪽 〈부록1〉의 삼각형을 오려 내어 종이를 접어 내심을 찾아 보자. 어떻게 접으면 찾을 수 있을지 모둠 친구들과 함께 논의해 보자.

① 예각삼각형

(여기 붙이세요)

② 직각삼각형

(여기 붙이세요)

③ 둔각삼각형

(여기 붙이세요)

(2) (1)에 내접원의 반지름을 찾고, 내접원을 그려 보자.

(3) 내가 붙인 삼각형에서 세 변에 접하는 원의 중심을 I라 하고, 점 I에서 세 변에 내린 수선의 발을 각각 D, E, F라고 하자. 이때 $\overline{ID}=\overline{IE}=\overline{IF}$인 이유를 설명해 보자.

개념과 원리 탐구하기 6

1 **다음 그림에서 점 I는 삼각형 ABC의 내심입니다. 다음을 함께 탐구해 보자.**

(1) 삼각형 ABC의 내접원을 그리려고 할 때, 반지름의 길이를 찾고 삼각형 ABC의 내접원을 그려 보자.

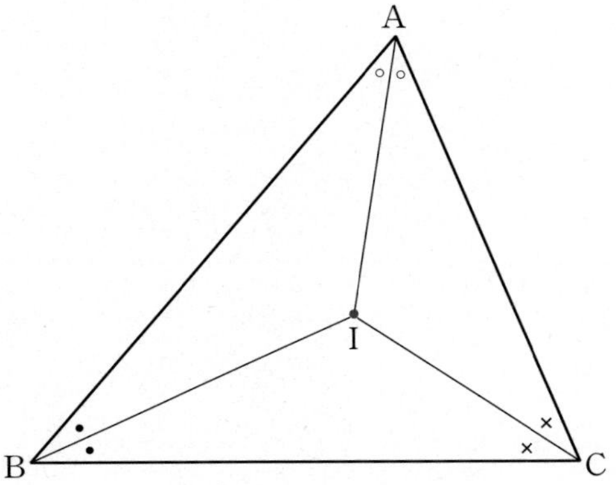

(2) (1)의 그림을 참고하여 삼각형의 내심과 관련하여 발견할 수 있는 사실을 2가지 이상 찾아보자.

나의 생각	모둠의 의견
•	•
•	•
•	•

탐구 되돌아보기

▌준비물 : 눈금없는 자, 컴퍼스

1 야구장에서 세 명의 수비수(좌익수, 중견수, 유격수)가 다음처럼 삼각형 모양의 위치에 있습니다. 이때 빗맞은 타구가 세 수비수 중 어느 선수도 잡을 수 없는 삼각지대 한가운데 떨어지는 안타를 '바가지 안타'라고 부릅니다.

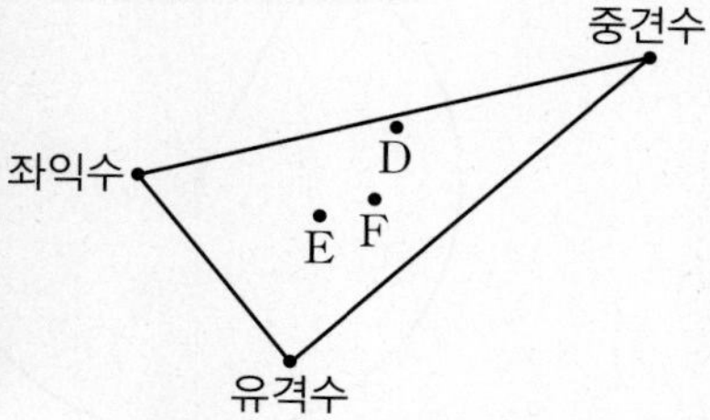

야구공이 공중으로 날아와 D, E, F에 각각 떨어질 때, 어느 공이 안타가 될 가능성이 가장 높은지 선택하고 그 이유를 설명해 보자.

2 다음 그림처럼 삼각형 모양의 풀밭이 있는데 풀밭 바깥은 도로입니다. 염소가 도로에 나가지 않고 안전하게 최대한 많은 풀을 뜯어 먹으려면 염소에게 줄을 맬 말뚝은 어디에 세워야 할지 판단해 보자.

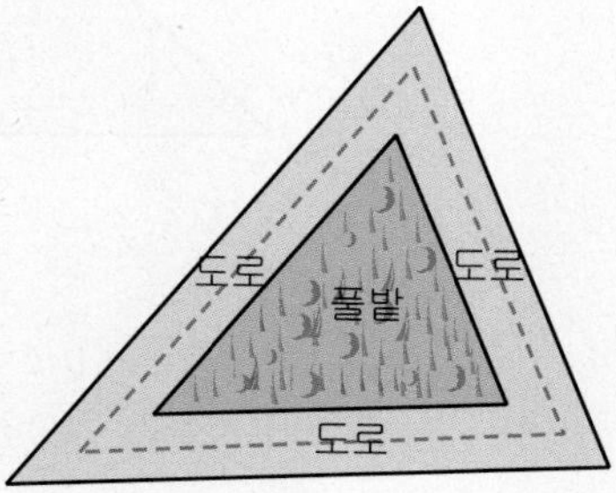

3 은세는 빨간색 선을 반지름으로 하는 삼각형의 외접원, 수림이는 빨간색 선을 반지름으로 하는 삼각형의 내접원을 그렸습니다. 두 친구가 무엇을 잘못 그렸는지 찾고, 옳게 다시 그려 보자.

(1) 은세가 그린 외접원

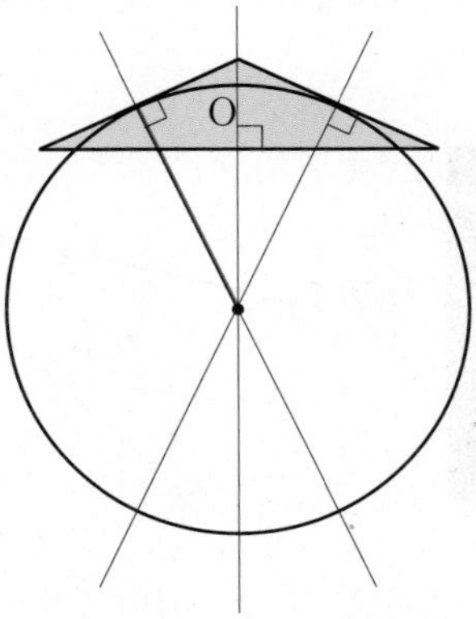

(2) 수림이가 그린 내접원

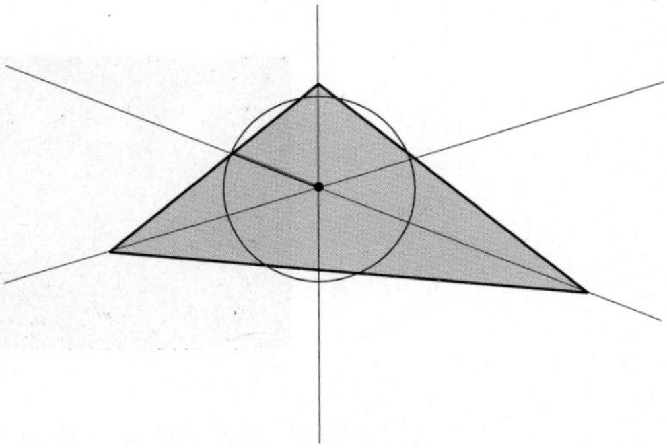

4 아래 그림은 은정이가 세 변의 수직이등분선을 접은 둔각삼각형입니다. 다음 은정이의 말을 보고 외심이 있는지 없는지 판단하고, 있다면 외접원을 그려 보자.

은정: 둔각삼각형에서는 세 변의 수직이등분선이 교점이 없네! 그럼 외심이 없는 걸까?

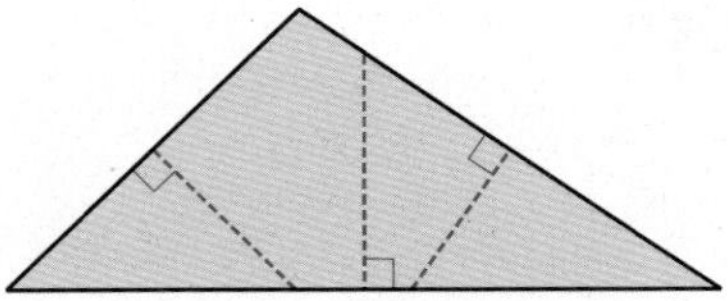

5 다음 그림과 같은 직각삼각형 ABC에서 점 O는 빗변 BC의 중점입니다. $\angle ACO=30°$일 때, $\angle BOA$의 크기를 구해 보자.

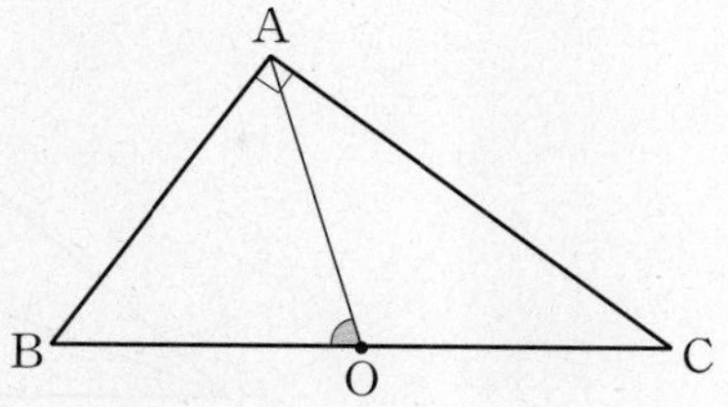

6 점 O가 삼각형 ABC의 외심일 때, 다음을 함께 탐구해 보자.

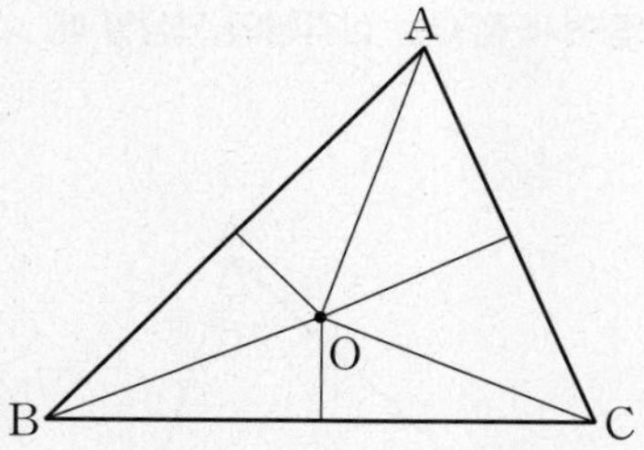

(1) 다음에 해당하는 것을 위의 삼각형에 표시해 보자.
㉠ 길이가 같은 변 ㉡ 크기가 같은 각 ㉢ 직각

(2) 합동인 삼각형을 찾아 합동인 것끼리 같은 색으로 색칠하고, 그 이유를 써보자.

7 점 I가 삼각형 ABC의 내심일 때, 다음과 함께 탐구해 보자.

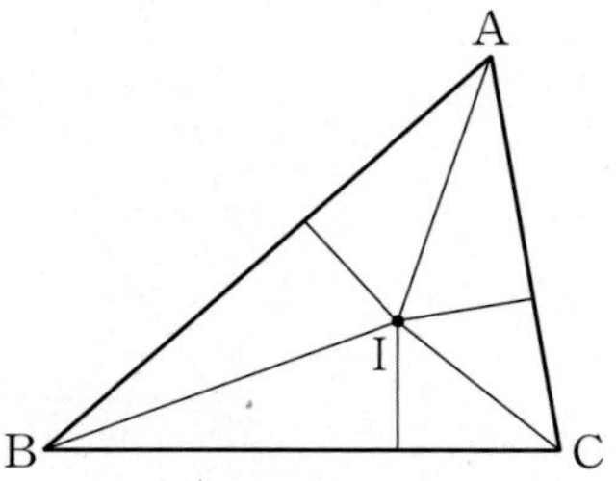

(1) 다음에 해당하는 것을 위의 삼각형에 표시해 보자.
㉠ 길이가 같은 변 ㉡ 크기가 같은 각 ㉢ 직각

(2) 합동인 삼각형을 찾아 합동인 것끼리 같은 색으로 색칠하고, 그 이유를 써보자.

8 다음 그림에서 점 O는 삼각형의 외심일 때, $\angle x$의 크기를 구하고, 그렇게 생각한 이유를 써보자.

(1)

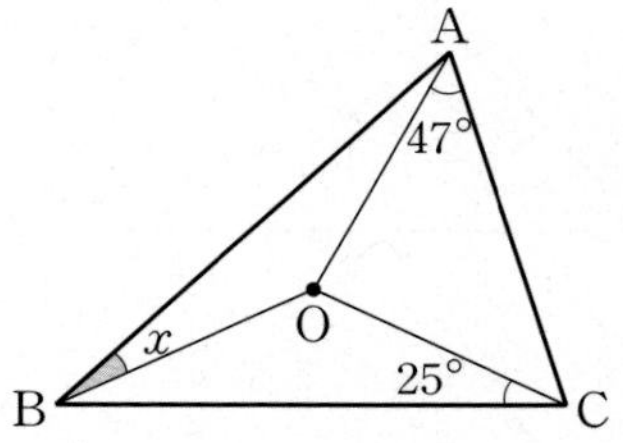

(2)

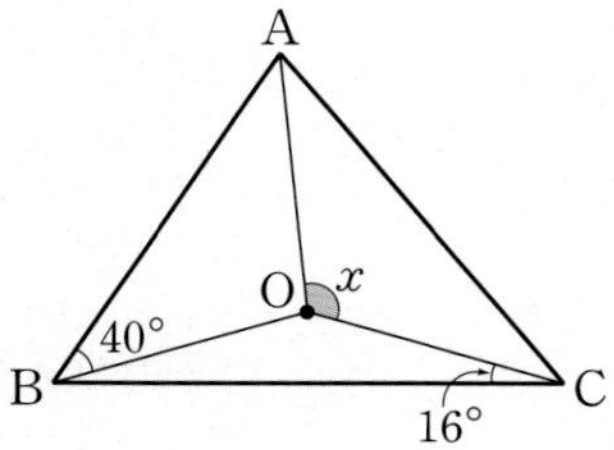

9 다음 그림에서 점 I가 삼각형의 내심일 때, $\angle x$의 크기를 구하고, 그렇게 생각한 이유를 써보자.

(1)

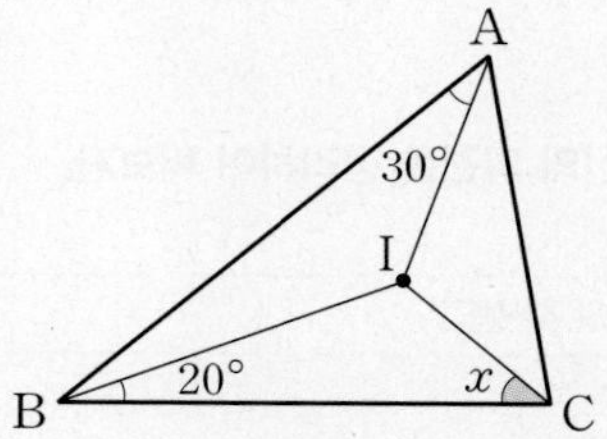

(2)

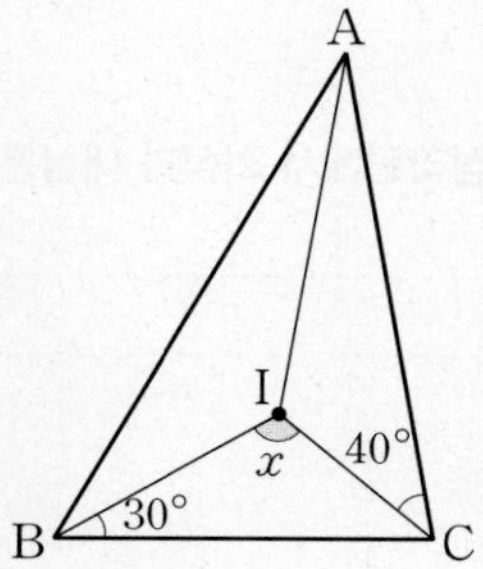

내가 만드는 수학 이야기

10 보물이 숨겨진 위치를 삼각형의 외심과 내심을 이용하여 찾아낼 수 있는 비밀 암호 편지를 작성하려고 합니다. 다음 용어들을 이용하여 이 편지의 내용을 완성하여 보자.

용어

외심, 내심, 같은 거리,
수직이등분선, 각의 이등분선

개념과 원리 연결하기

1 이등변삼각형에서 외심과 내심은 같은 점일까? 자신의 의견을 정리하여 써보자.

나의 첫 생각

다른 친구들의 생각

정리된 나의 생각

2 외심과 내심의 개념을 정리해 보자.

(1) 이 단원에서 알게 된 외심과 내심의 뜻, 성질 등을 모두 정리해 보자.

(2) 이등변삼각형, 삼각형의 외심, 내심과 연결된 개념을 복습해 보자. 그리고 제시된 개념과 연결성을 찾아 모둠에서 함께 정리해 보자.

연결된 개념	관련 개념 사이의 연결성
• 여러 가지 삼각형(정삼각형, 이등변삼각형, 예각삼각형, 직각삼각형, 둔각삼각형) • 삼각형의 합동 조건 • 삼각형의 세 내각의 크기의 합 • 이등변삼각형의 성질	

수학 학습원리 완성하기

은정이는 다음과 같은 방법으로 2 탐구하기 5 1 을 해결하기 위한 자기 사고 과정을 설명했습니다.

내가 선택한 문제

1 두 친구가 각의 이등분선을 접어서 삼각형의 내심을 찾고 나서 내접원을 그리려고 합니다.

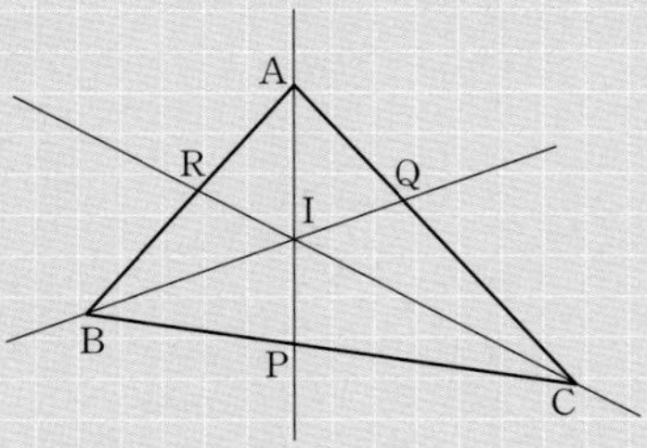

은정이의 깨달음

나는 처음에 둘 다 내접원을 맞게 그렸다고 생각했다. 실제로 해보면 진짜 그려진다.

(1) $\overline{IP}$를 반지름으로 그린 모양

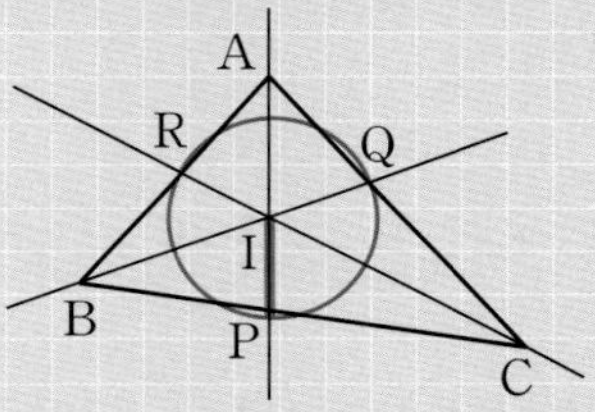

(2) $\overline{IQ}$를 반지름으로 그린 모양

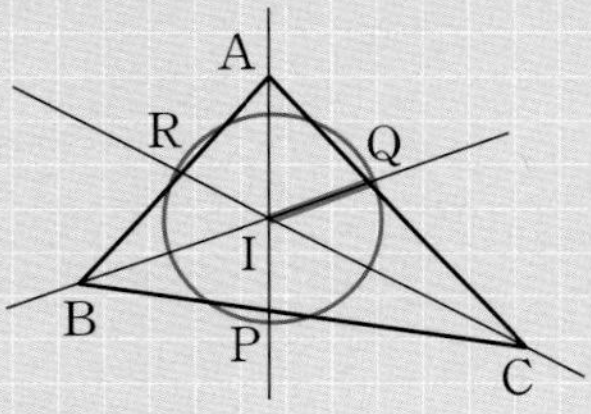

그림에서 보이는 약간의 오차는 그림을 그리면서 생기는 정도의 오차? 이 정도면 잘 내접하는 거 아냐?
그런데 그려서 보이는게 전부가 아니라 내심의 뜻, '세 변 사이까지의 거리가 같은 점'임을 따져 보면 $\overline{IP}$, $\overline{IQ}$는 내심에서 각 변에 이르는 거리가 아니다. 거리는 90°로 내려 그은 선분의 길이다.
눈으로 보이는 것이 전부가 아니라는 것!
내심의 뜻에 따라 세 변에 '수선'을 그어 반지름을 잡아 내접원을 그려야 한다는 것을 깨달았다.

수학 학습원리

학습원리 3. 수학적 추론을 통해 자신의 생각 정리하기

1 은정이의 설명에서 여러분은 다른 학습원리를 발견할 수 있는지 찾아보자.

2 은정이가 한 것처럼 여러분도 이 단원의 다른 문제를 선택하여 해결하는 사고 과정을 설명해 보고 사용한 수학 학습원리를 찾아보자.

내가 선택한 문제

나의 깨달음

수학 학습원리

수학 학습원리

1. 끈기 있는 태도와 자신감 기르기
2. 관찰하는 습관을 통해 규칙성 표현하기
3. 수학적 추론을 통해 자신의 생각 정리하기
4. 수학적 의사소통 능력 기르기
5. 여러 가지 수학 개념 연결하기

STAGE 7

사각형을 새롭게 보자

사진가

평범한 일상도 사진에 담으면 특별한 추억이 되는 경험을 한 적이 있나요? 사진가는 사각의 프레임을 통해 세상을 보고 이것을 사람들에게 알리는 작업을 하지요. 이번 단원에서는 사각형에 대해 알아보고 카메라, 액자, 창문 등 주변의 사각형이 우리에게 선사하는 특별함을 체험해 보도록 해요.

1 평행선으로 만든 사각형

종이 접기는 놀이로 시작되었지만 수학과도 밀접하게 연결이 되어 있습니다. 1995년에 과학자들이 종이 접기 방법을 활용한 태양 전지판을 개발하였다고 합니다. 인공위성의 태양 전지판을 작은 크기로 접어 우주에 도착해서는 손쉽게 펼칠 수 있도록 하는 원리에 평행사변형이 이용되었다고 합니다. 또 2단이나 3단으로 접히는 공구 상자도 물건이 쏟아지거나 흐트러지지 않도록 만들기 위해 평행사변형의 성질이 이용됩니다.
우리 주변의 계단 난간이나 놀이기구에서도 평행사변형 모양을 쉽게 찾아볼 수 있습니다. 평행사변형이 어떤 특징을 가지고 있길래 이런 다양한 곳에 사용이 되었을까요?
이 단원에서는 평행사변형의 성질을 탐구하고 그 안에 어떤 성질들이 숨어있는지 발견해 봅시다. 그리고 발견한 성질들을 논리적으로 설명하고 연결해 봅시다.

/1/ 사각형으로 논리 만들기

▌준비물 : 자, 컴퍼스, 각도기

개념과 원리 탐구하기 1

사각형에서 서로 마주 보는 변을 대변, 서로 마주보는 각을 대각이라고 합니다. 또 사각형 ABCD를 기호로 □ABCD와 같이 나타냅니다. 다음을 함께 탐구해 보자.

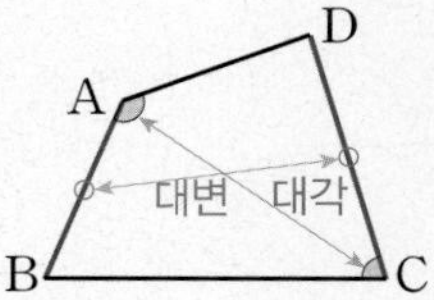

1 **사다리꼴, 평행사변형, 마름모, 직사각형, 정사각형의 뜻을 써보자. 그리고 각각의 사각형을 2개 이상씩 그려 보자.**

(1) 사다리꼴: ______________________

____

(2) 평행사변형: ______________________

____

(3) 마름모: ______________________

____

(4) 직사각형: ______________________

____

(5) 정사각형: ______________________

____

개념과 원리 탐구하기 2

1 **다음을 함께 탐구해 보자.**

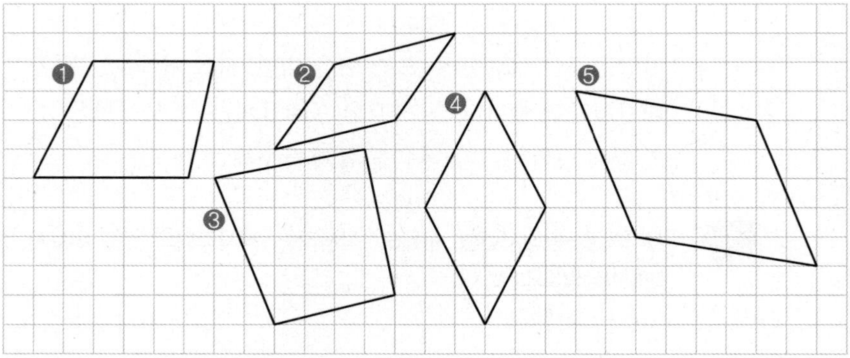

(1) 위의 그림에서 평행사변형인 것을 모두 고르고 그 이유를 설명해 보자.

(2) (1)에서 고른 평행사변형인 사각형이 모두 가지고 있는 특징을 찾아보자. 그 특징을 대변, 대각, 대각선의 용어를 사용하여 3가지 이상 표현해 보자.

나의 생각	모둠의 의견
•	•
•	•
•	•
	•
	•

2 오른쪽 그림은 '❶ 두 쌍의 대변이 각각 평행하다.'로 나타낼 수 있습니다. 다음 ❷~❼ 그림은 **1** 에서 친구들이 찾은 평행사변형의 성질을 나타낸 것입니다. 각각의 그림이 설명하는 것을 문장이나 기호로 써보자.

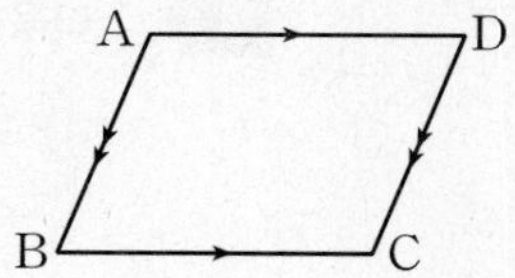

❷

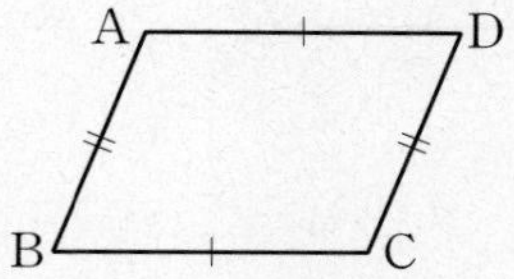

❸ △ABC≡☐

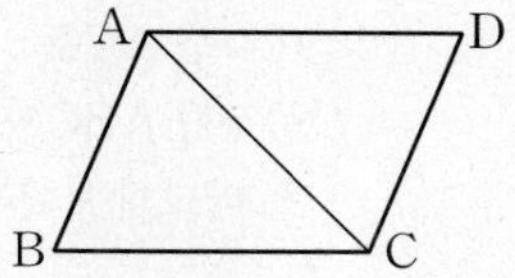

❹

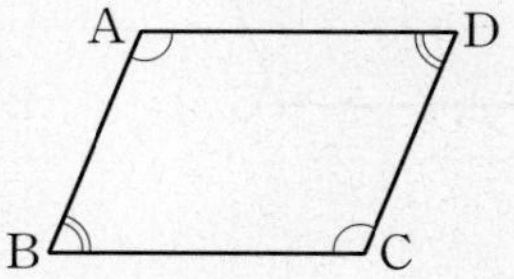

❺ ∠A+∠B=☐°

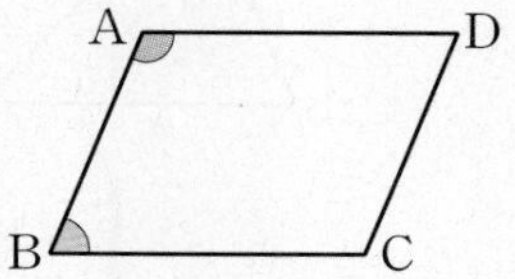

❻ △ABO≡☐

△ADO≡☐

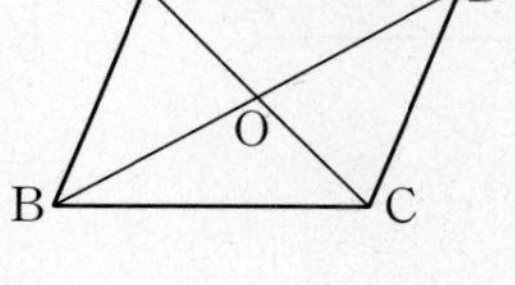

❼

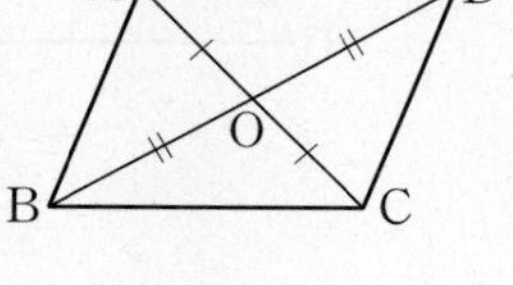

개념과 원리 탐구하기 3

1 **다음을 함께 탐구해 보자.**

(1) **STAGE 6 탐구하기 3** **1** 과 같이 ❶ 평행사변형에서 출발하여 ❷, ❹, ❼ 에 도착하려면 각각 어떤 과정이 필요할지 생각해 보자.

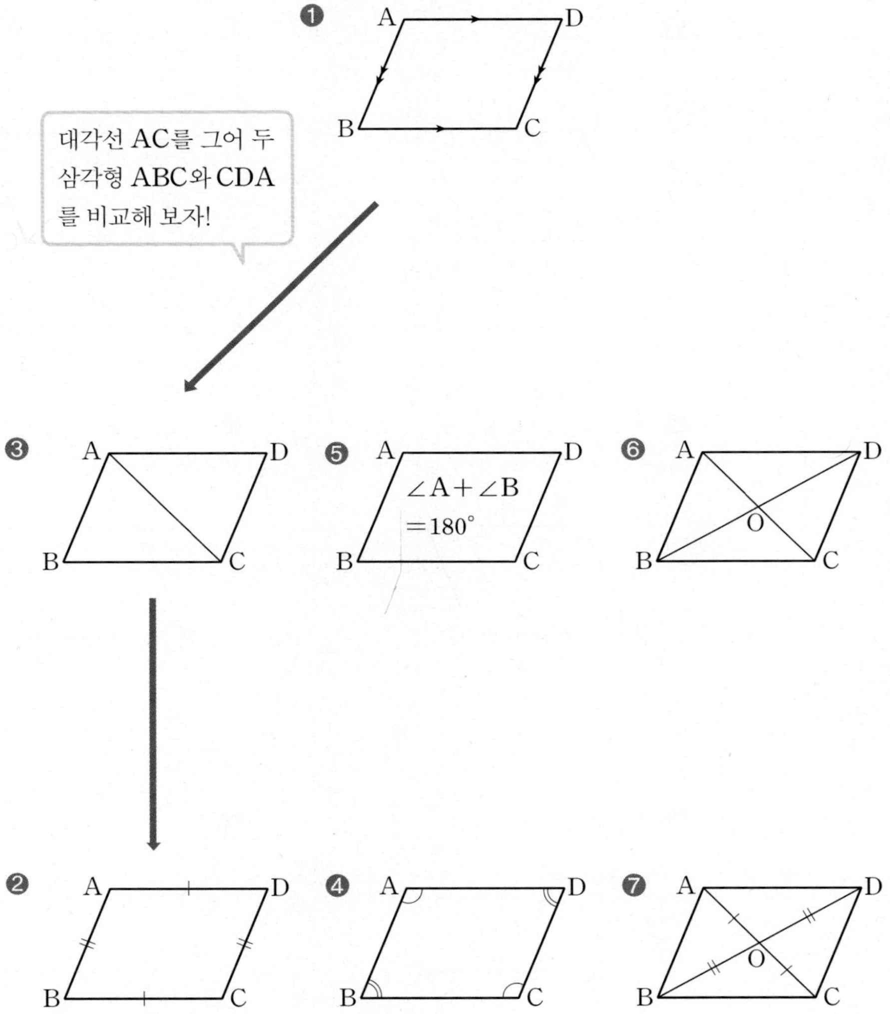

(2) 모둠 친구들과 각각의 연결 과정을 다음과 같이 정리해 보고, 그렇게 생각한 이유를 설명해 보자.

출발	논리적인 연결 과정	도착	설명
❶	⇨③⇨	❷	두 쌍의 대변이 각각 평행하니까 엇각으로 각의 크기가 서로 같아. 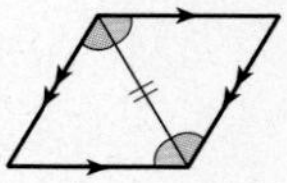 그러면 두 삼각형은 합동이야. 대응하는 한 변의 길이가 같고, 그 양 끝각이 서로 같으니까 ASA 합동이지. 따라서 대응하는 변의 길이가 모두 같다고 할 수 있어.
❶		❹	
❶		❼	

2 **이제는 ❷, ❹, ❼, ❽의 조건에서 출발해 봅시다. 각 번호에서 출발하여 '❶ 두 쌍의 대변이 평행하다.'라는 것을 설명해 보자.**

(1) 어떻게 설명할 수 있을지 ❶에 도착하기까지 거쳐 가는 과정을 화살표로 연결해 보자.

❷

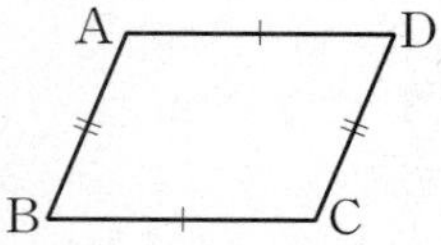

❹

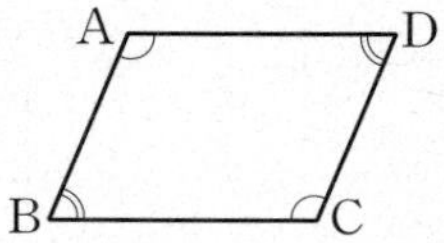

❼

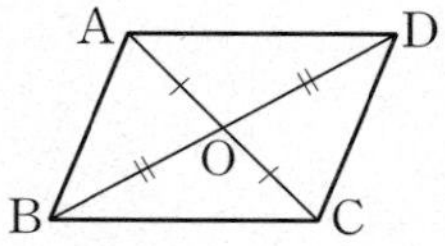

❽

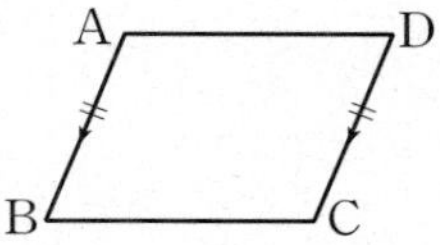

❸

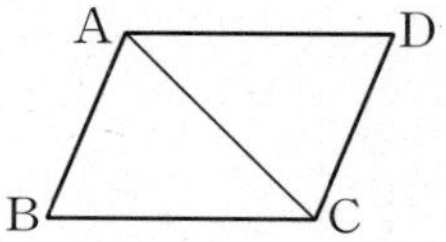

❺

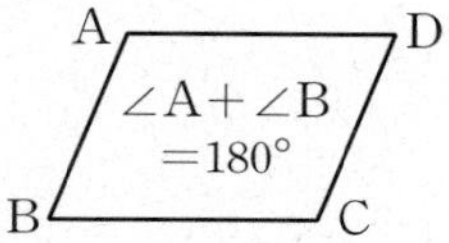

❻

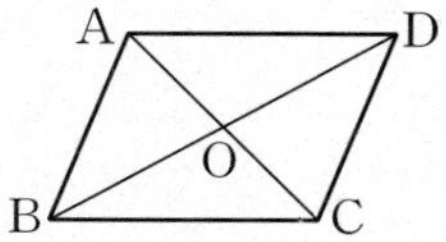

❶

(2) 모둠 친구들과 각각의 연결 과정을 정리해 보고, 그렇게 생각한 이유를 설명해 보자.

출발	논리적인 연결 과정	도착	설명
❷	⇨ ③ ⇨	❶	대각선을 그어 보면 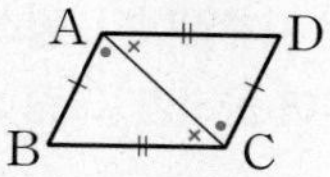 △ABC≡△CDA (SSS합동) 대응하는 각의 크기가 같으니까 대변끼리 평행해~.
❹		❶	
❼		❶	
❽		❶	

3 1 과 2 의 차이점을 써보자.

개념과 원리 탐구하기 4

1 다음 그림은 자동차를 수리하는 카센터에서 사용하는 리프트입니다. 이 리프트는 자동차를 들어 올리는 기계입니다. 평소에는 [그림 1]과 같이 접혀져 바닥에 붙어 있다가 차를 올려놓고 리프트를 들어 올리면 [그림 2]와 같이 들려집니다.

[그림 1]

[그림 2]

(1) [그림 1]과 [그림 2]에서 평행사변형이라고 추측되는 곳에 표시해 보자.

(2) 이 기계가 평행사변형 구조로 만들어진 이유를 설명해 보자.

탐구 되돌아보기

1 다음 글이 사실인지 판단하고, 그 이유를 설명해 보자.

(1) 모든 직사각형은 평행사변형이다. (○, ×)

(2) 직사각형 중 평행사변형이 아닌 것이 있다. (○, ×)

2 다음 그림과 같이 **1 cm** 간격으로 구멍이 뚫린 막대기 4개를 이용하여 **A**, **B**, **C**의 세 구멍을 연결하였습니다. □**ABCD**가 평행사변형이 되도록 점 **D**의 위치를 정하고 그 이유를 설명해 보자.

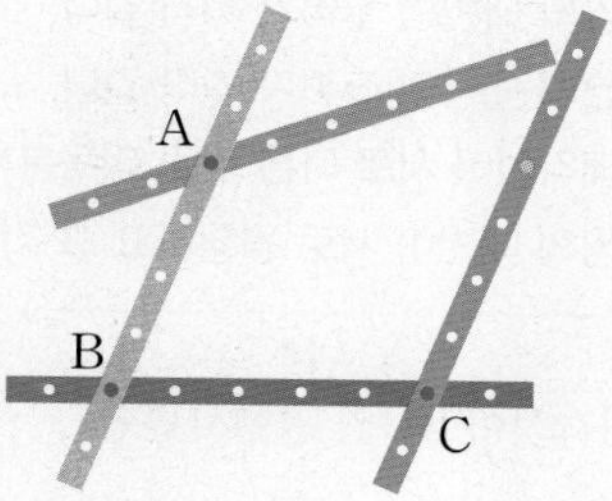

3 두 직선 $l \parallel m$일 때, 다음을 함께 탐구해 보자.

(1) 평행한 두 직선과 한 평행선 위의 두 점 A, B를 이용하여 평행사변형을 그려 보자.

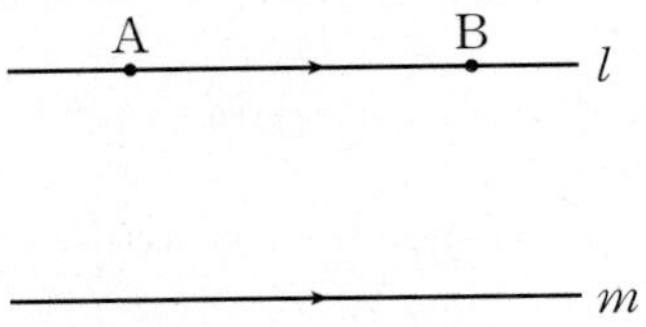

(2) 위에서 그린 평행사변형을 어떤 방법으로 그렸는지 설명하고, 그 이유를 설명해 보자.

4 다음은 평행사변형이 되는 조건을 정리한 것입니다. 아래 조건을 이용하여 다음 모눈 종이 위에 평행사변형 ABCD를 각각 그리고 그 방법을 친구에게 설명해 보자.

[평행사변형이 되는 조건]

❶ 두 쌍의 대변이 각각 평행하다.
❷ 두 쌍의 대변의 길이가 각각 같다.
❸ 두 쌍의 대각의 크기가 각각 같다.
❹ 두 대각선이 서로 다른 것을 이등분한다.
❺ 한 쌍의 대변이 서로 평행하고 그 길이가 같다.

(1) 한 대각선이 BD인 평행사변형

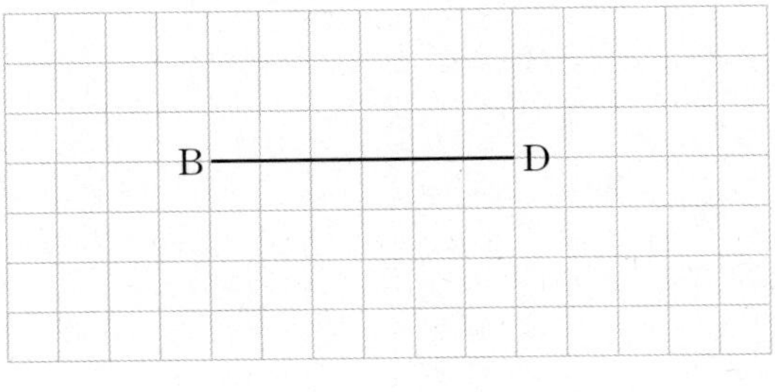

(2) 선분 AD를 한 변으로 하는 평행사변형

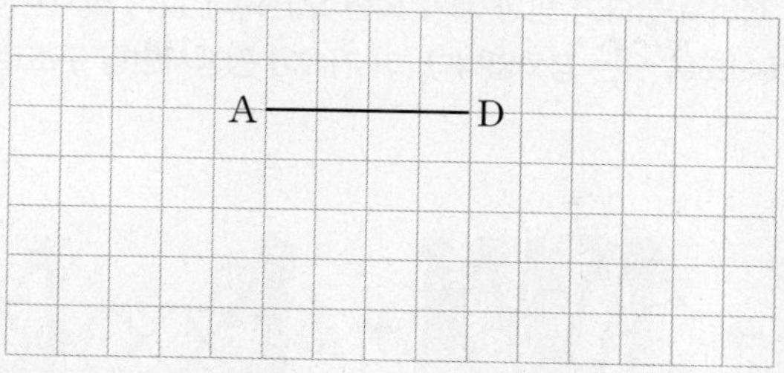

(3) 선분 BC를 한 변으로 하고 한 각이 45°인 평행사변형

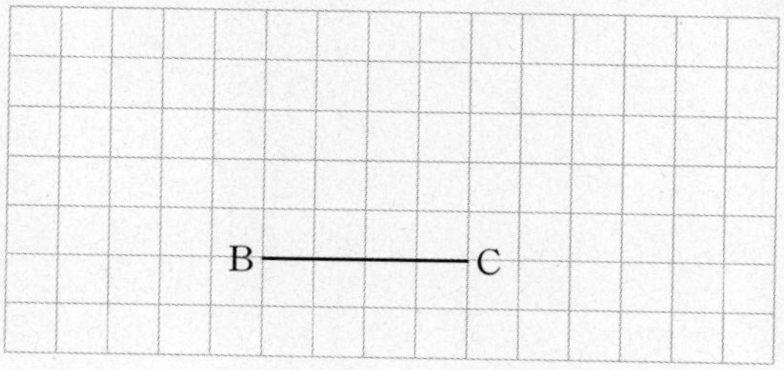

5 **영희는 평행사변형인 이유를 아래와 같이 생각했습니다. 영희의 생각이 맞는지 판단하고 틀리다면 바르게 고치고 그 이유를 설명해 보자.**

한 쌍의 대변이 평행하고, 평행하지 않은 대변의 길이가 같으면
평행사변형이 되지 않을까?

6 다음 그림은 학교 교문에 세워진 장치의 작동 모습을 순서대로 보여주고 있습니다. 수업 시간에는 왼쪽과 같이 접혀져 있다가 방과 후가 되면 오른쪽과 같이 펼쳐져서 외부인들이 학교를 함부로 출입하지 못하도록 하는 장치입니다. 이 기계가 평행사변형 구조로 만들어진 이유를 설명해 보자.

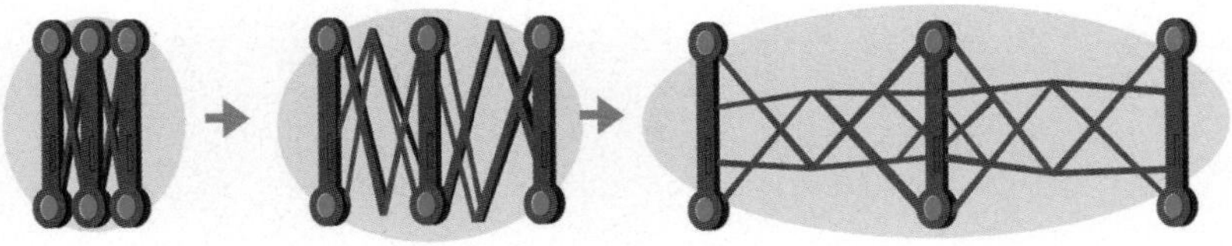

내가 만드는 수학 이야기

7 길이가 다른 막대 2개를 사용하여 평행사변형을 만드는 나만의 방법을 만들어 보고 글과 그림으로 정리해 보자.

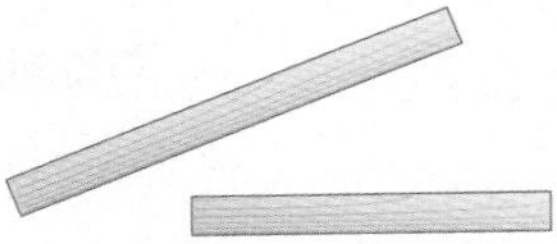

제 목

2 네 정체를 밝혀라

우리 나라의 전통가옥인 한옥에서 가장 많이 관찰할 수 있는 도형은 무엇일까요? 기둥과 기둥 사이, 문의 모양, 창살의 무늬, 대들보 등에서 다양한 사각형 모양을 찾을 수 있습니다. 실제로 우리가 생활하는 공간이나 사용하는 사물에서 나아가 여러 예술작품에서도 다양한 사각형의 모양은 쉽게 찾아볼 수 있습니다. 여러 가지 사각형은 고유의 특징이 있기도 하고 공통의 특징이 있기도 합니다.

이 단원에서는 다양한 모양의 사각형에 대해 배우고 그 성질을 탐구하여 사각형들 사이의 관계를 논리적으로 정리해 봅시다.

/ 1 / 다른 것들과는 달라요

개념과 원리 탐구하기 1

1 다음을 함께 탐구해 보자. (단, 격자의 한 칸은 정사각형 모양이고 각 사각형들의 꼭짓점은 격자점 위에 있습니다.)

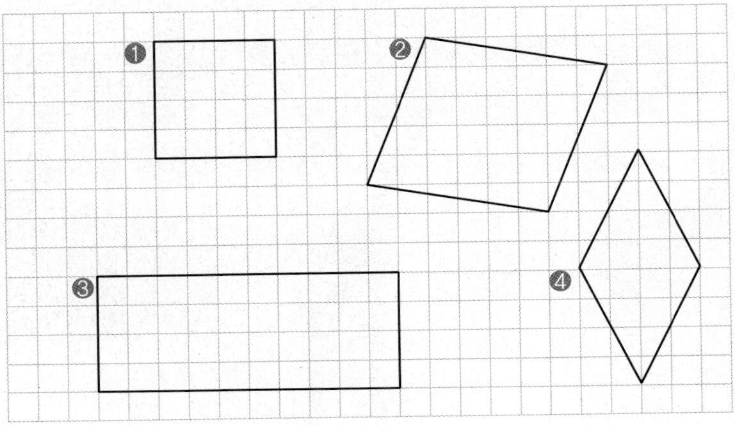

(1) 위의 그림에서 평행사변형, 마름모, 직사각형, 정사각형을 모두 골라서 아래 표에 써보자. 그리고 친구들의 결과와 비교해 보자.

(2) (1)에서 분류한 사각형들의 '대각선'과 관련된 특징을 있는 대로 추측하여 써보자.

종류	사각형 번호	대각선에 대한 성질
평행사변형		• •
직사각형		• •
마름모		• •
정사각형		• •

2 **다음은 마름모, 직사각형, 정사각형의 대각선의 성질에 대해 친구들이 추측한 내용입니다. 친구들이 이렇게 생각한 이유를 논리적으로 설명해 보자.**

(1) '직사각형은 네 내각의 크기가 모두 같다.'에서 출발하여 '두 대각선의 길이가 같다.'가 되는 이유를 설명해 보자.

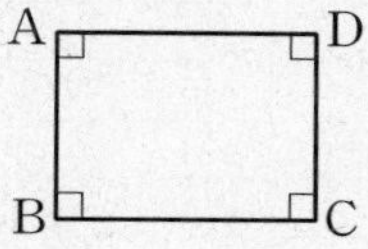

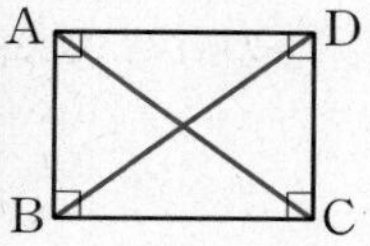

(2) '마름모는 네 변의 길이가 같다.'에서 출발하여 '두 대각선은 서로 수직으로 만난다.'가 되는 이유를 설명해 보자.

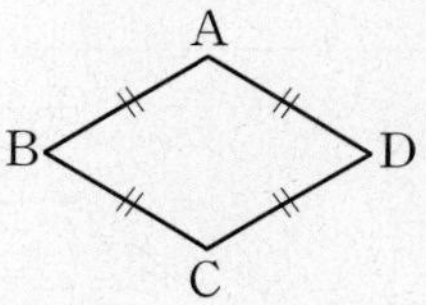

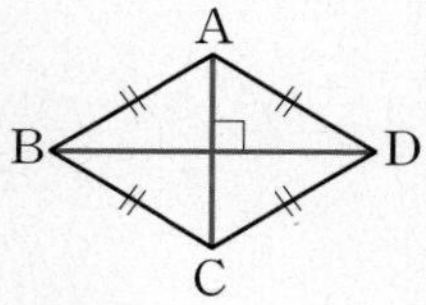

(3) (1)과 (2)를 이용하여 '정사각형은 두 대각선의 길이가 같고, 서로 다른 것을 수직이등분한다.'를 설명해 보자.

개념과 원리 탐구하기 2

1 밑변의 양 끝각의 크기가 같은 사다리꼴을 3개 이상 그려 보자.

2 '밑변의 양 끝각의 크기가 같은 사다리꼴'을 등변사다리꼴이라고 합니다. 위에서 그린 도형을 관찰하여 등변사다리꼴의 성질을 추측해서 써보자.

3 **다음은 $\overline{AD}/\!/\overline{BC}$이고 $\angle B=\angle C$인 등변사다리꼴에 대하여 친구들이 추측한 내용입니다. 이렇게 생각한 이유가 무엇이었을지 그림을 참고로 설명해 보자.**

(1) **여진** 평행하지 않은 한 쌍의 대변의 길이는 같다. ($\overline{AB}=\overline{DC}$)

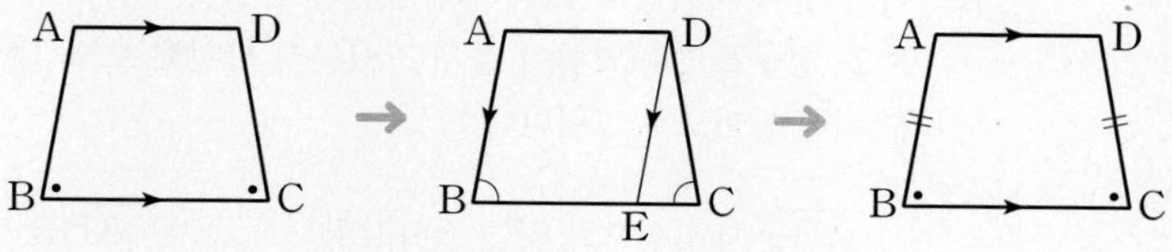

(2) **민주** 두 대각선의 길이가 같다. ($\overline{AC}=\overline{DB}$)

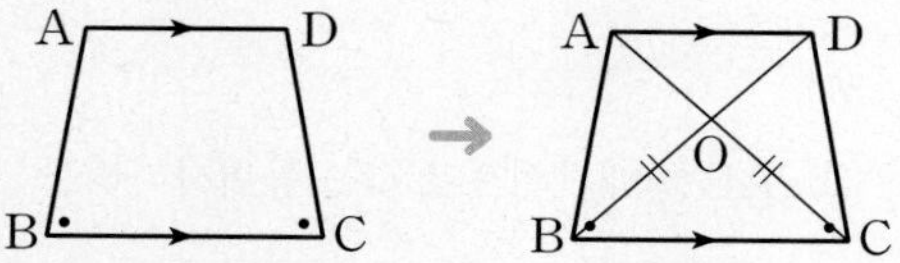

4 **다음 $\overline{AD}/\!/\overline{BC}$인 사다리꼴 ABCD의 두 대각선의 교점을 O라 할 때, $\triangle AOB=\triangle DOC$임을 설명해 보자.**

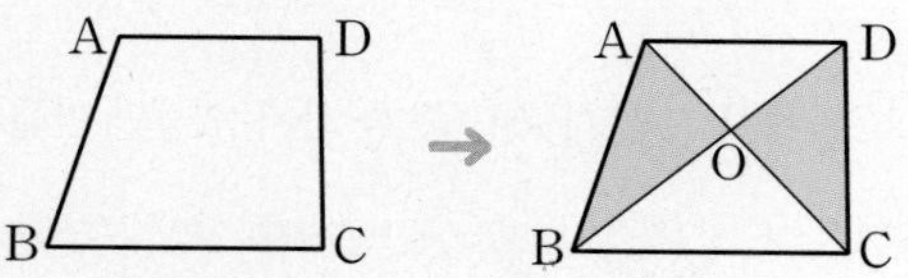

개념과 원리 탐구하기 3

▌준비물 : 눈금없는 자, 컴퍼스 또는 공학적 도구

1 **다음을 함께 탐구해 보자.**

(1) 여러 가지 사각형의 대각선과 관련된 성질을 이용하여 다음 사각형을 완성하여 그려 보고, 친구들과 비교하여 옳게 그렸는지 확인해 보자. (단, 나머지 꼭짓점들도 모두 모눈 위에 놓이도록 그립니다.)

① $\overline{AB}$를 대각선으로 갖는 직사각형

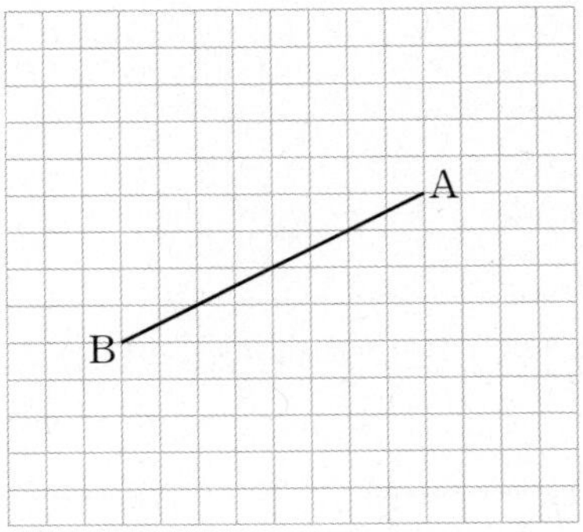

② $\overline{AB}$를 대각선으로 갖는 정사각형

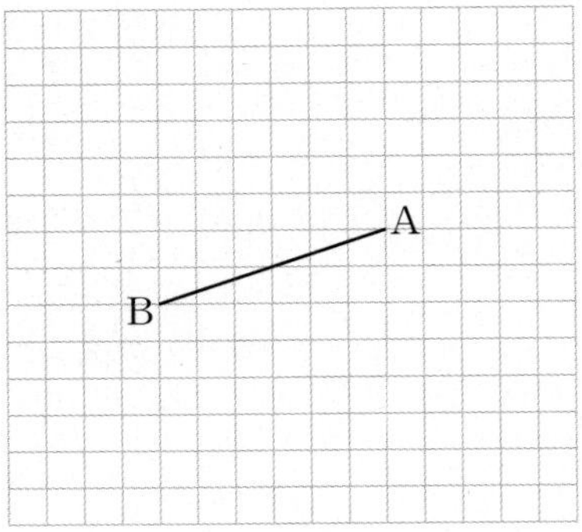

③ $\overline{AB}$를 대각선으로 갖는 등변사다리꼴

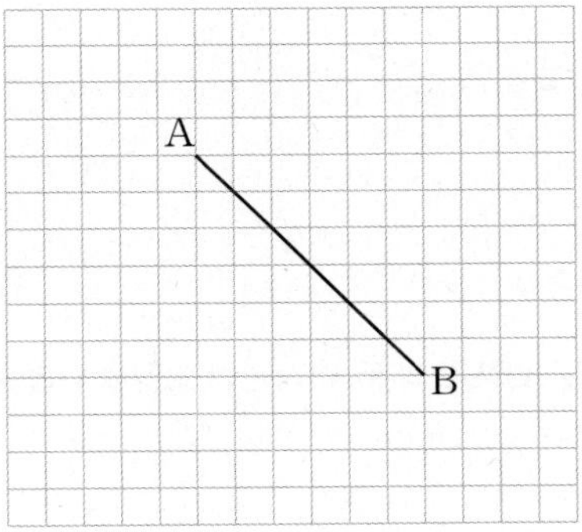

④ $\overline{AB}$를 대각선으로 갖는 마름모

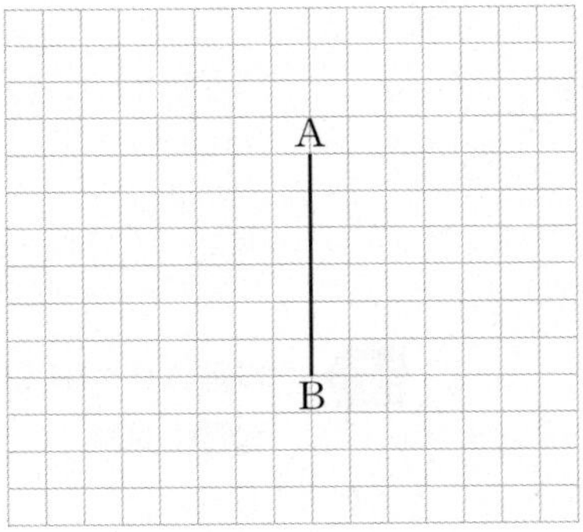

(2) 위에서 그린 사각형 중 한 가지 모양만 만들어지는 것은 무엇인지 말해 보자.

2 **대각선의 성질을 이용하여 여러 가지 사각형을 쉽게 작도할 수 있습니다. 다음을 함께 탐구해 보자.**

(1) 민정이가 다음과 같이 작도한 도형은 어떤 사각형인지 말하고, 그 이유를 설명해 보자.

❶ 중심이 같은 두 원을 그린다.
❷ 두 원의 지름을 그린다.
❸ 각 지름의 양 끝 점을 연결하여 사각형을 그린다.

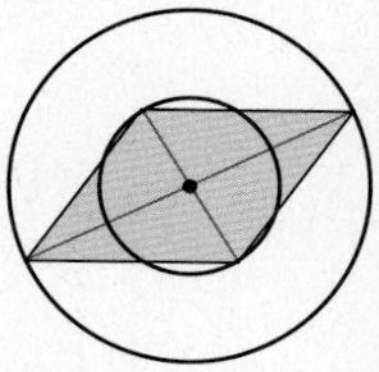

(2) 원을 이용하여 다음의 사각형을 각각 작도하고, 각 사각형의 어떤 성질을 이용했는지 설명해 보자.

① 직사각형 [작도]

사용한 성질
•
•

② 마름모 [작도]

사용한 성질
•
•

③ 정사각형 [작도]

사용한 성질
•
•

개념과 원리 탐구하기 4

1 다음 그림은 여러 가지 사각형을 기호로 표현하여 나타낸 것입니다. 표에 해당하는 도형을 모두 골라 그 번호를 써보자.

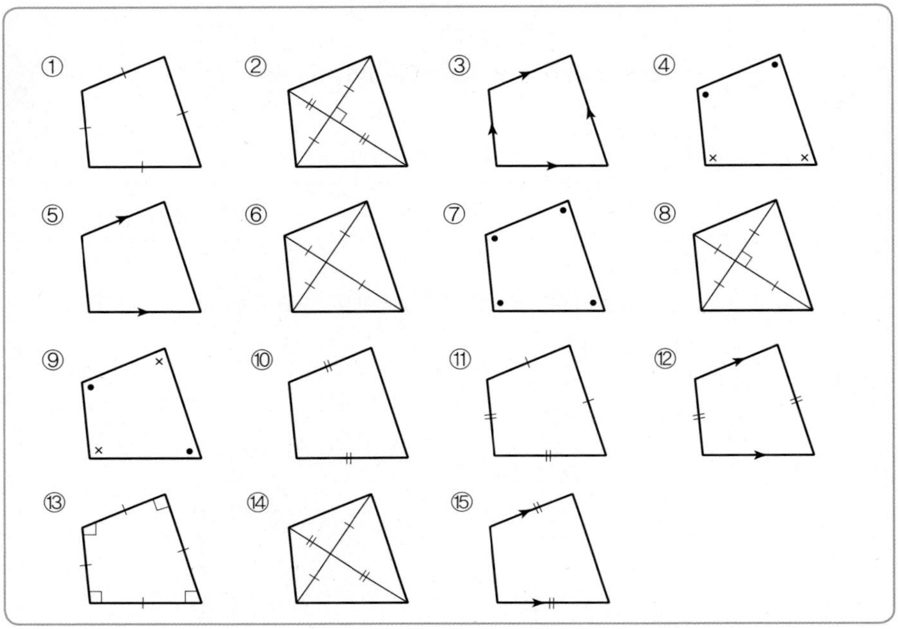

도형	번호
정사각형	
직사각형	
마름모	
평행사변형	
사다리꼴	

2 1 의 활동을 통해 알게 된 사각형들 사이의 관계를 그림(또는 맵)으로 나타내 보자.

탐구 되돌아보기

1 직사각형이 자기소개를 하고 있습니다. 직사각형처럼 마름모와 정사각형의 자기소개 글을 써 보자.

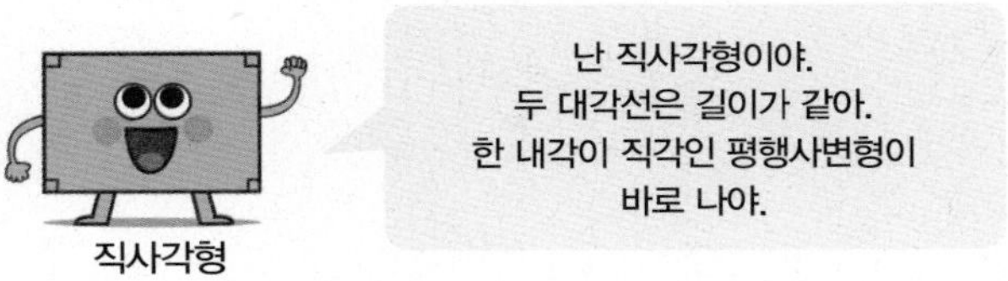

직사각형

마름모

정사각형

2 다음 사각형을 완성하고 어떤 성질을 이용하여 그렸는지 설명해 보자.

(1) $\overline{AB}$와 $\overline{BC}$를 이웃한 두 변으로 하는 평행사변형

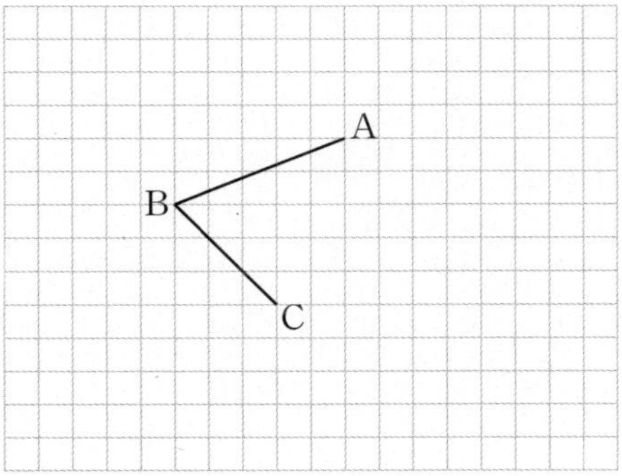

(2) $\overline{AB}$를 한 변으로 하는 마름모

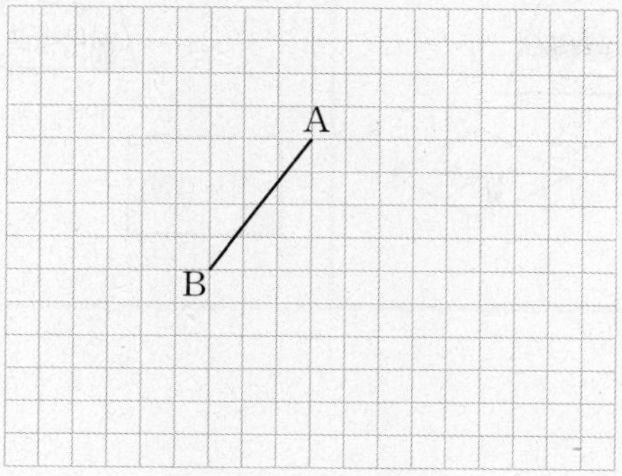

(3) $\overline{AB}$와 $\overline{BC}$를 이웃한 두 변으로 하는 사다리꼴

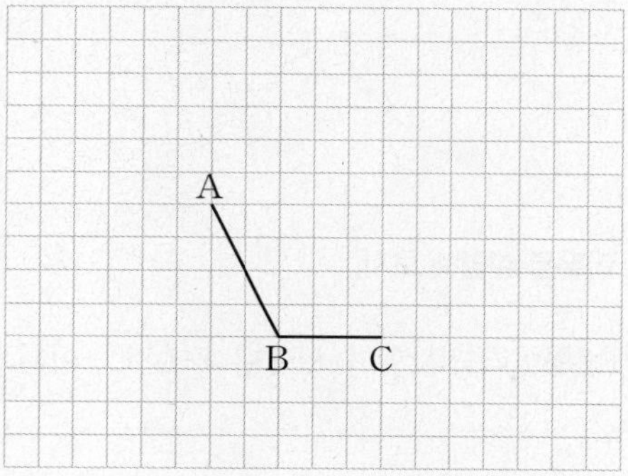

3 **다음은 두 친구가 사각형을 분류한 것입니다. 어떻게 분류했는지 기준을 2가지 이상 만들어 보자.**

(1)

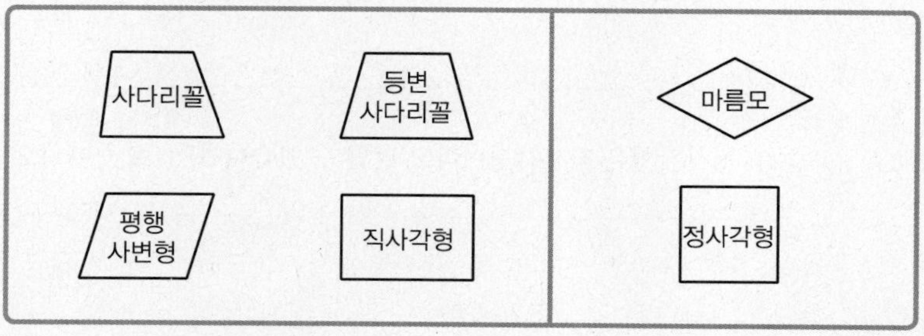

분류 기준 : ....

....

....

(2)

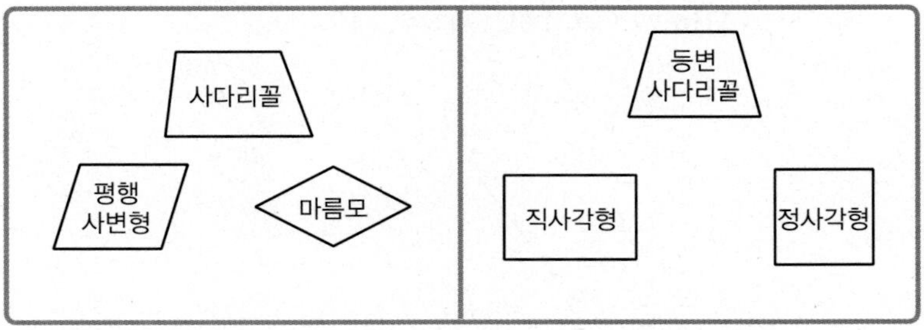

분류 기준 :

4 다음 질문에 답하고, 그 이유를 설명해 보자.

(1) 정사각형은 평행사변형이라고 말할 수 있습니까? (예, 아니오)

(2) 정사각형은 직사각형이라고 말할 수 있습니까? (예, 아니오)

(3) 정사각형은 마름모라고 말할 수 있습니까? (예, 아니오)

(4) 정사각형과 다른 사각형을 구분할 수 있는 특징을 찾아보자.

5 **다음을 함께 탐구해 보자.**

(1) 다음은 여러 가지 사각형과 두 대각선의 관계를 표로 만든 것입니다. 빈칸에 주어진 대각선의 성질이 성립하면 ○, 성립하지 않으면 ×표를 하시오.

두 대각선의 관계	평행사변형	직사각형	마름모	정사각형
서로를 이등분한다.				
길이가 같다.				
직교한다.				

(2) (1)을 참고하여 다음에 주어진 왼쪽 사각형이 오른쪽 사각형이 되려면 대각선의 성질에 어떤 조건이 추가되어야 하는지 설명해 보자.

① 평행사변형 ⇨ 직사각형

대각선의 성질 추가 조건	

② 평행사변형 ⇨ 마름모

대각선의 성질 추가 조건	

③ 직사각형 ⇨ 정사각형

대각선의 성질 추가 조건	

④ 마름모 ⇨ 정사각형

대각선의 성질 추가 조건	

6 다음은 여러 가지 사각형 사이의 관계를 나타낸 그림입니다. 각 화살표마다 대각선에 대한 조건이 아닌 다른 조건 ①~⑤를 알맞게 써보자.

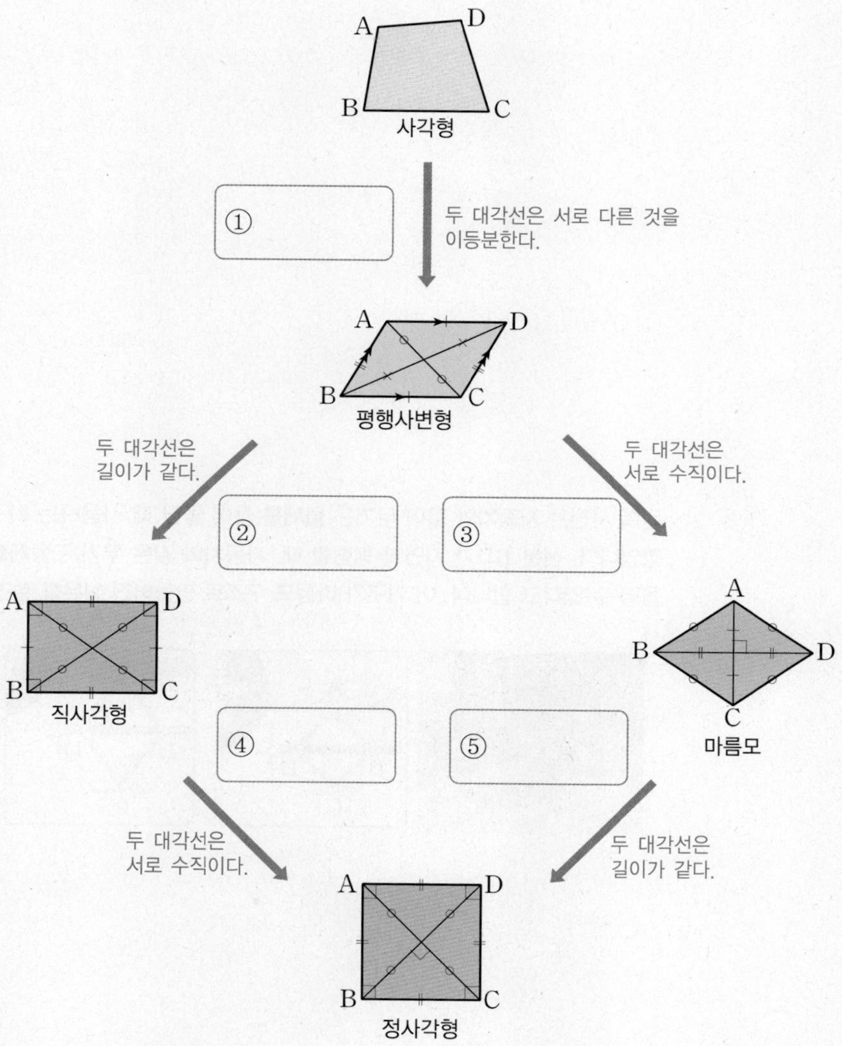

7 오른쪽 그림의 평행사변형에서 대각선 BD가 ∠B와 ∠D의 이등분선일 때, □ABCD는 어떤 사각형이 될지 설명해 보자.

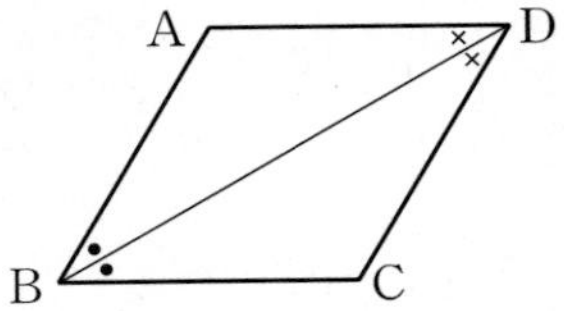

8 왼쪽 사진은 자동차와 같이 무거운 물체를 들어 올릴 때 사용하는 기구의 모습으로 마름모 모양입니다. 선분 BD가 지면과 평행할 때, 자동차와 같은 무거운 물체를 지면과 수직으로 들어 올릴 수 있다고 합니다. 이 기구가 마름모 구조로 만들어진 이유를 설명해 보자.

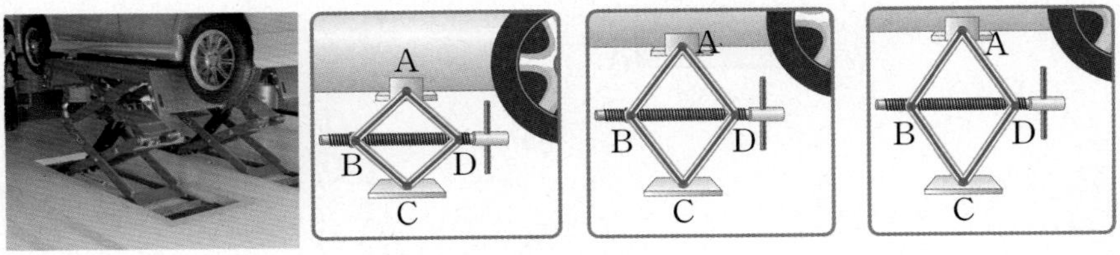

내가 만드는 수학 이야기

9 엠블럼(emblem)은 어떤 단체나 대상을 상징적으로 나타낸 도형입니다. 오른쪽 그림은 평창동계올림픽 엠블럼으로 한글 초성을 그래픽 모티브로 활용한 점이 돋보였다고 합니다. '평창'의 초성 'ㅍ'에서 따온 은 하늘과 땅, 사람이 한데 어울리는 광장을, 'ㅊ'에서 따온 은 눈과 얼음, 동계올림픽 스타를 상징한 것입니다. 이와 같이 여러 가지 도형의 특성을 살려 상징하고 싶은 것을 정하여 나만의 엠블럼을 만들어 보자. (출처; 2018 평창 동계올림픽대회 및 동계패럴림픽, 2017)

PyeongChang 2018

제 목

개념과 원리 연결하기

1 다음과 같이 말한 영수의 주장이 맞는지 판단하고, 만약 맞지 않는다면 하나 이상의 반례를 찾아보자. 그리고 바르게 문장을 고쳐 보자.

'두 대각선의 길이가 같은 사각형은 직사각형이다.'

나의 첫 생각

다른 친구들의 생각

정리된 나의 생각

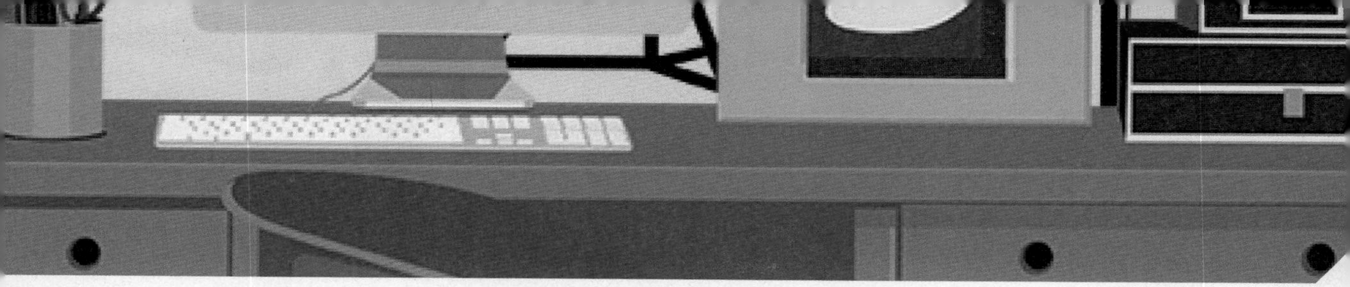

2 평행사변형에 대해 정리해 보자.

(1) 이 단원에서 알게 된 평행사변형의 뜻, 성질 등을 모두 정리해 보자.

(2) 평행사변형과 연결된 개념을 복습해 보자. 그리고 제시된 개념과 평행사변형 사이의 연결성을 찾아 모둠에서 함께 정리해 보자.

평행사변형과 연결된 개념	평행사변형과 관련 개념 사이의 연결성
• 여러 가지 사각형 • 삼각형의 합동 조건 • 평행선의 성질 (동위각, 엇각) • 이등변삼각형의 성질	

Dream your future : 꿈 꾸는 미래(미래를 꿈꾸다)

수학 학습원리 완성하기

수아는 다음과 같은 방법으로 1 탐구하기 4 문제들을 해결하기 위한 자기 사고 과정을 설명했습니다.

내가 선택한 문제

1 다음 그림은 자동차를 수리하는 카센터에서 사용하는 리프트입니다. 이 리프트는 자동차를 들어 올리는 기계입니다. 평소에는 [그림 1]과 같이 접혀져 바닥에 붙어 있다가 차를 올려놓고 리프트를 들어 올리면 [그림 2]와 같이 들려집니다.

(1) [그림 1]과 [그림 2]에서 평행사변형이라고 추측되는 곳에 표시해 보자.

(2) 이 기계가 평행사변형 구조로 만들어진 이유를 설명해 보자.

수아의 깨달음

나는 평행사변형의 여러 성질들이 무슨 소용이 있나 생각을 했었다. 평행사변형의 성질들을 배우면서 다소 지루한 감도 있었다. 두 변이 평행하든지, 두 변의 길이가 같은지 뭐가 그렇게 많지…. 그런데 선생님이 보여준 몇 개의 동영상과 이 내용은 신기했다.

접혀질 수 있다!

접혔을 때 최소한의 공간이 된다!

일상생활에서 접혀지는 물건들의 숨은 원리가 평행사변형의 원리였다니.

펼쳤을 때 자동차를 들어올릴 수도 있고, 출입문이 되도록 할 수도 있다. 용도에 맞게.

두 쌍의 대변이 평행하므로 접었을 때 대변이 일치한다는 것도 너무 놀랍다.

이런 것이 또 무엇이 있을까? 접혀지는 것들이 주변에 뭐가 더 있는지 찾아보고 싶다는 생각이 들었다.

수학 학습원리

학습원리 2. 관찰하는 습관을 통해 규칙성 표현하기

1 수아의 설명에서 여러분은 다른 학습원리를 발견할 수 있는지 찾아보자.

2 수아가 한 것처럼 여러분도 이 단원의 다른 문제를 선택하여 해결하는 사고 과정을 설명해 보고 사용한 수학 학습원리를 찾아보자.

내가 선택한 문제

나의 깨달음

수학 학습원리

수학 학습원리

1. 끈기 있는 태도와 자신감 기르기
2. 관찰하는 습관을 통해 규칙성 표현하기
3. 수학적 추론을 통해 자신의 생각 정리하기
4. 수학적 의사소통 능력 기르기
5. 여러 가지 수학 개념 연결하기

STAGE 8

모양을 축소하고 확대하자

1 모양은 같고, 크기는 다르고

/ 1 / 줄여 보고 키워 보자

/ 2 / 팽이 돌리기

2 피타고라스와 숨바꼭질

/ 1 / 나는 어떤 삼각형일까

분장사

배역이 잘 드러나도록 배역의 성격을 상상하여 배우에게 옮겨 주는 분장사는 배역과 배우를 닮게 만들어 주는 직업이지요. 고증이 필요한 사극이나 동물이 주인공으로 등장하는 뮤지컬에 분장사가 없다면 우리는 쉽게 몰입이 되지 않을 거예요. 이 단원에서는 개성을 잃지 않으면서도 서로 닮은 도형들에 대해 알아봅시다.

1 모양은 같고, 크기는 다르고

"와~ 아기와 엄마가 너무도 닮았어요."라는 말에서는 외모가 비슷하다는 의미로 '닮았다'라는 표현을 씁니다. 건축물이 만들어지기 전에 건축가들이 설계한 결과를 눈으로 확인하고 작업을 하기 위해 만든 모형이나 영화 촬영 시 미니어처 세트를 제작할 때에도 모형과 세트가 실제와 '닮았다'라는 표현을 사용합니다. 이때 사용한 의미는 외모가 닮았다는 의미와 같을까요? '닮았다'라는 일상적인 말의 표현이 수학에서는 어떤 의미로 등장하게 될까요? 또한 삼각형의 경우 닮은 삼각형을 어떻게 그릴 수 있을까요?

이 단원에서는 확대나 축소를 했을 때 변하지 않는 것을 탐구하며 닮음에 대한 개념을 발견하고 닮음인 삼각형을 찾을 때는 어떤 조건이 필요한지 정리해 봅시다. 또한 삼각형의 무게를 공평하게 나누는 선과 점을 탐구하며 그 성질을 발견해 봅시다.

/1/ 줄여 보고 키워 보자

개념과 원리 탐구하기 1

1 종희는 컴퓨터 프로그램으로 축하 카드를 디자인하면서 카드를 변화시켜 보았습니다. ㉠~㉢ 중에서 닮았다고 생각되는 것을 찾고 그렇게 생각한 이유를 설명해 보자.

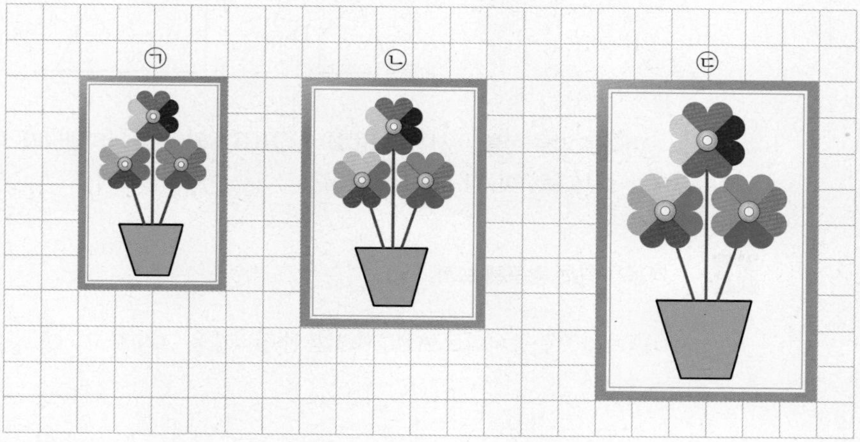

2 한 도형을 일정한 비율로 확대 또는 축소한 도형이 다른 한 도형과 합동일 때, 이 두 도형은 서로 **닮음**인 관계가 있다고 합니다. 또 닮음인 관계가 있는 두 도형을 닮은 도형이라고 합니다. **1** 에서 찾은 모양을 닮은 도형이라고 할 수 있는지 판단하고 그 이유를 설명해 보자.

3 대화에 등장하는 '닮았네'라는 표현과 **2** 의 '닮음'을 비교하여 설명해 보자.

개념과 원리 탐구하기 2

다음 그림에서 □ABCD의 모든 변의 길이를 2배 확대하면 □HGFE와 합동이 되므로 두 사각형은 서로 닮은 도형입니다.

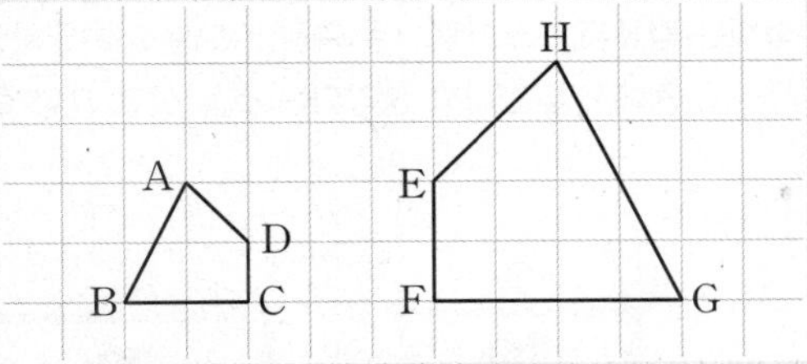

이것을 기호 ∽를 써서 **□ABCD∽□HGFE**와 같이 나타냅니다. 이때 꼭짓점은 대응하는 순서대로 씁니다.

1 **다음을 함께 탐구해 보자.**

(1) 아래 모눈종이에 △ABC와 닮음인 삼각형을 그려 보고 기호로 나타내 보자.

(2) 닮은 두 도형에서 대응하는 선분의 길이의 비를 **닮음비**라고 합니다. (1)에서 두 도형의 닮음비를 구해 보자.

2 **다음을 함께 탐구해 보자.**

(1) 아래 입체도형과 닮음인 입체도형을 그려 보자.

(2) (1)에서 두 도형의 닮음비를 구해 보자.

3 **다음을 함께 탐구해 보자.**

(1) **1** 을 통해 알게 된 서로 닮은 두 평면도형의 길이와 각에 대한 특징을 모둠에서 찾아 정리해 보자.

(2) **2** 를 통해 알게 된 서로 닮은 두 입체도형의 길이와 각과 면에 대한 특징을 모둠에서 찾아 정리해 보자.

개념과 원리 탐구하기 3

▌준비물 : 계산기

실제 가로의 길이가 9.6 m, 세로의 길이가 7.2 m인 직사각형 모양의 아파트 평면도를 축소하여 그리려고 합니다. 다음을 함께 탐구해 보자.

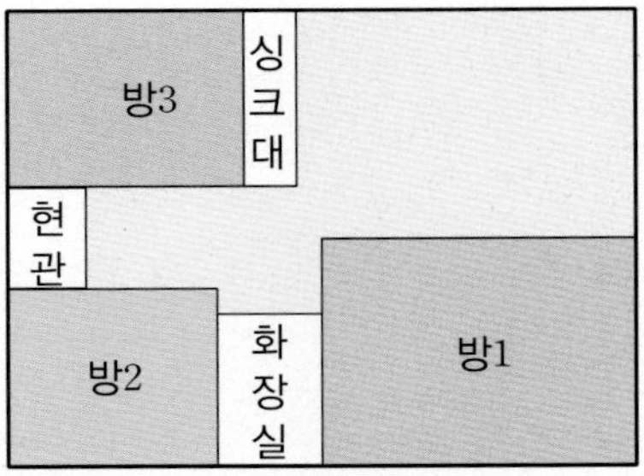

실제의 (가로의 길이) × (세로의 길이)
- 방 1 : 4.8 m × 3.6 m
- 방 2 : 3.2 m × 2.8 m
- 방 3 : 3.6 m × 2.8 m
- 화장실 : 1.6 m × 2.4 m
- 싱크대 : 0.8 m × 2.8 m
- 현관 : 1.2 m × 1.6 m

1 **실제의 아파트의 크기를 1 : 80의 비율로 축소하여 아래 모눈종이에 집의 평면도를 완성해 보자. (단, 모눈종이 1칸의 길이를 1 cm로 생각합니다.)**

2 다음을 함께 탐구해 보자.

(1) 실제 아파트와 축소된 평면도의 각 방끼리의 닮음비를 각각 구해 보자.

(2) 방1, 방2, 방3의 실제 넓이와 축소된 넓이를 구해 보자.

	실제 넓이	축소된 넓이
방1		
방2		
방3		

(3) (1)과 (2)를 이용하여 닮음비와 넓이의 비 사이의 관계를 설명하고, 그렇게 생각한 이유를 써보자.

개념과 원리 탐구하기 4

다음 이야기는 그리스의 델로스 신화입니다.

기원전 430년경에 그리스의 델로스 섬에 전염병이 돌아 많은 사람이 죽었다. 이것을 아폴로 신의 노여움이라고 생각해 겁이 난 델로스 주민들은 아테네 신전에 가서 많은 공물을 바치고 기도를 올리며 전염병을 없애줄 것을 빌었다. 그랬더니 아폴로 신이 말했다.
"지금 신전에 정육면체 모양의 제단이 있다. **이 제단과 모양이 같고 부피가 2배인 새 제단**을 만들어라. 그리하면 전염병이 물러가리라."
그래서 ㉠델로스 섬사람들은 신전의 제단과 똑같은 정육면체를 하나 더 만들어서 원래의 제단 옆에 나란히 붙였다. 이걸 본 아폴로 신은 화를 냈고, 전염병은 도무지 멎질 않았다.
낙심한 델로스 섬사람들은 다시 아폴로 신전에 가서 빌었다. 아폴로 신이 말했다.
"나는 모양이 같은 새로운 제단을 만들라고 했다. 그러나 너희들이 만든 제단을 보아라. 정육면체 모양이 아니다. 처음과 같이 정육면체이면서 부피는 본래의 2배로 하라."
㉡델로스 섬사람들은 이번에는 성공하기 위해 석공을 동원하여 제단의 각 변의 길이를 모두 2배씩 늘려서 새로운 제단을 만들어 아폴로 신전 앞에 놓았다. 그러나 전염병은 여전히 멎지 않았다. 델로스 섬사람들은 또다시 아폴로 신전에 가서 신의 뜻을 물어보니 더욱 화가 난 아폴로 신이 말했다.
"전염병이 물러가지 않는 이유는 ……"

1 **델로스 섬사람들이 만든 제단에 대해 다음을 함께 탐구해 보자.**

(1) ㉠에서 델로스 섬사람이 만든 제단을 그려 보자.

	처음 신전의 제단	델로스 섬사람이 만든 제단
제단 모양	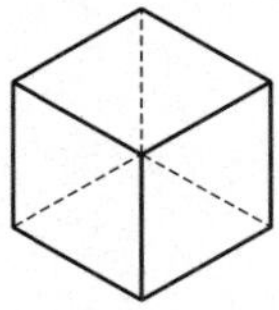	

(2) (1)에서 처음 신전의 제단과 델로스 섬사람이 만든 제단의 닮음비와 부피의 비를 구해 보자. 또 전염병이 물러가지 않은 이유를 이와 연결지어 설명해 보자.

2 석공이 만든 제단에 대해 다음을 함께 탐구해 보자.

(1) ㉡에서 석공이 만든 제단을 그려 보자.

	처음 신전의 제단	석공이 만든 제단
제단 모양	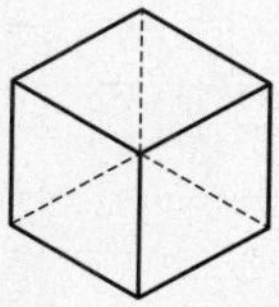	

(2) (1)에서 처음 신전의 제단과 석공이 만든 제단의 닮음비와 부피의 비를 구해 보자.

(3) (2)를 참고하여 화가 난 아폴로 신이 한 말을 상상하여 써보자.

전염병이 물러가지 않는 이유는 ________________

3 닮은 도형의 부피의 비는 닮음비와 어떤 관계가 있는지 정리해 보자.

1 모양은 같고, 크기는 다르고

개념과 원리 탐구하기 5

1 닮음비가 2 : 3인 두 직사각형을 그리고 넓이의 비를 구하여 닮음비와의 관계를 알아보자.

2 닮음비가 $1:2$인 두 직육면체를 그리고 부피의 비를 구하여 닮음비와의 관계를 알아보자.

3 닮음비가 $a:b$인 두 도형이 있습니다. 다음을 함께 탐구해 보자.

(1) 이 도형이 평면도형일 때, 넓이의 비를 구해 보자.

(2) 이 도형이 입체도형일 때, 부피의 비를 구해 보자.

/ 2 / 팽이 돌리기

개념과 원리 탐구하기 6

1 한 도형을 일정한 비율로 확대 또는 축소한 도형이 다른 도형과 합동일 때, 이 두 도형은 서로 닮음인 관계가 있다고 합니다. 다음 그림에서 서로 닮은 삼각형을 모두 찾아 닮음비를 구하고 그 이유를 설명해 보자.

①
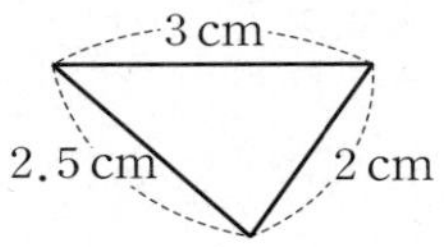

②
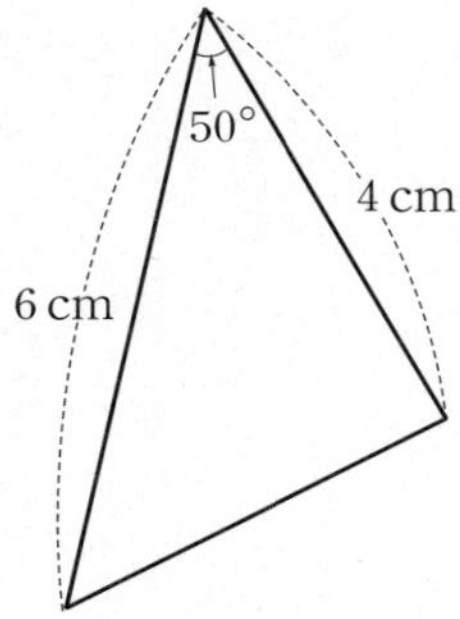

③
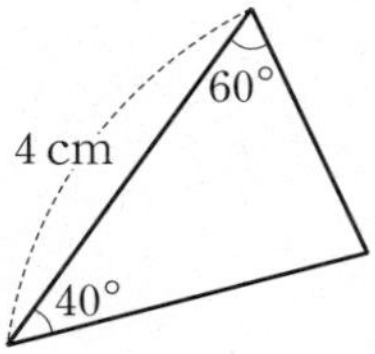

④
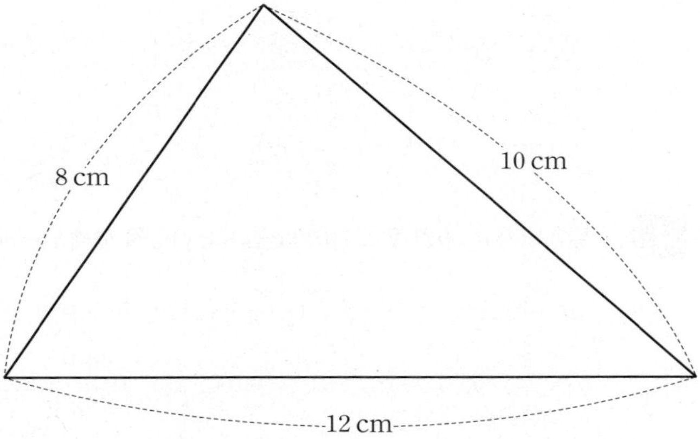

⑤
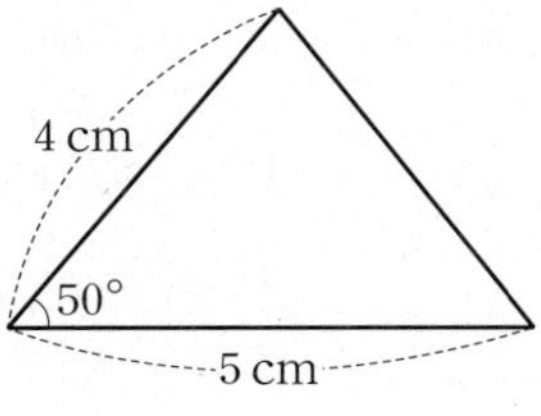

⑥

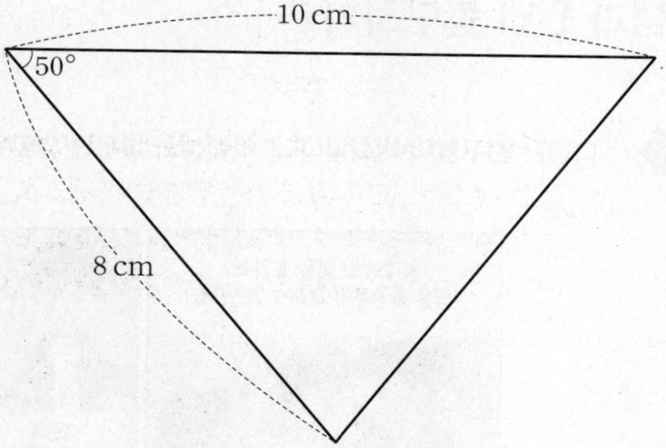

⑦

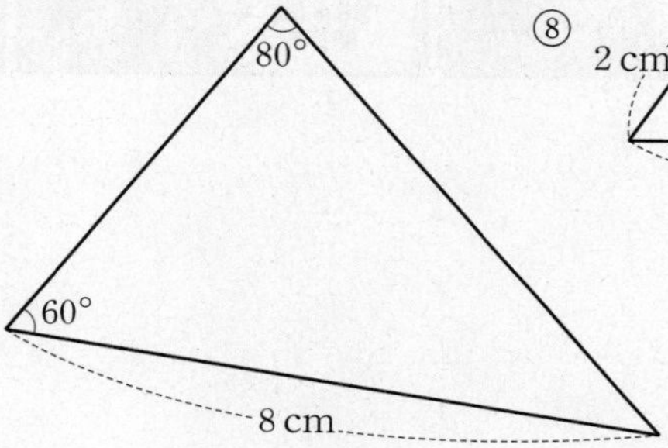

⑧

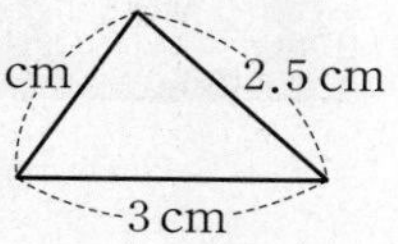

⑨

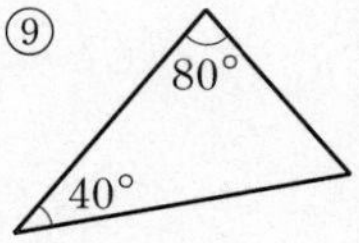

2 닮음의 뜻과 삼각형의 합동 조건을 이용하여 삼각형의 닮음 조건을 정리해 보자.

1 모양은 같고, 크기는 다르고

개념과 원리 탐구하기 7

1 다음은 친구들의 대화입니다. 여학생의 질문에 알맞은 답을 해 보자.

2 다음은 $\angle A=90°$인 직각삼각형 ABC의 꼭짓점 A에서 빗변 BC에 수선의 발 H를 내린 그림입니다. 닮은 삼각형을 모두 찾고 기호로 나타내 보자.

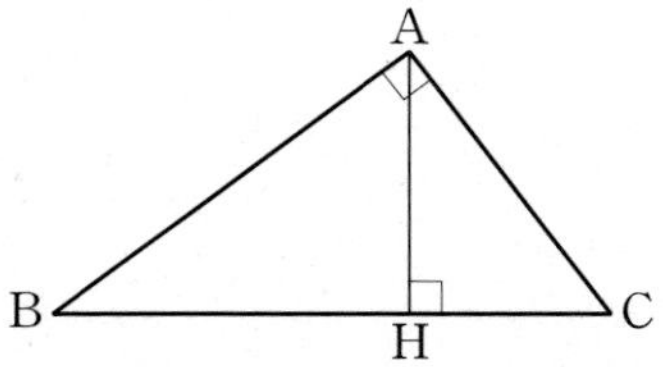

개념과 원리 탐구하기 8

▌준비물 :가위
163쪽 〈부록 2〉의 삼각형과 사다리꼴을 이용하세요.

1 오른쪽 그림과 같이 어떤 큰 삼각형을 밑변에 평행하게 자르면 사다리꼴과 삼각형이 생깁니다. 사다리꼴의 변의 길이를 재어 보니 다음과 같습니다. 부록을 이용하여 이 큰 삼각형을 잘랐을 때 생기는 삼각형 조각으로 알맞은 것을 ①, ② 중 찾아보자.

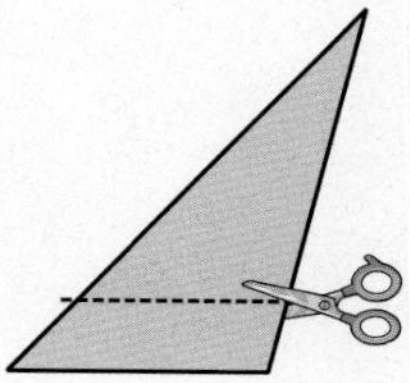

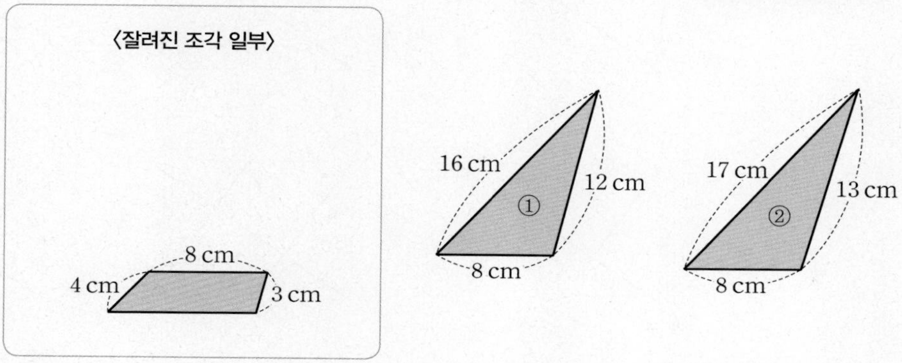

2 두 삼각형 ①, ②를 사다리꼴 위에 올렸을 때, 둘 중 하나가 반드시 삼각형이 된다면 어느 것인지 결정하고 그렇게 생각한 이유를 써보자.

3 위 사다리꼴에서 아랫변의 길이를 구하고 그 이유를 설명해 보자.

1 모양은 같고, 크기는 다르고

개념과 원리 탐구하기 9

아래 그림은 A4용지의 긴 변을 종이접기로 삼등분한 것입니다. 이 과정에 맞게 종이를 접어 보고 다음을 함께 탐구해 보자.

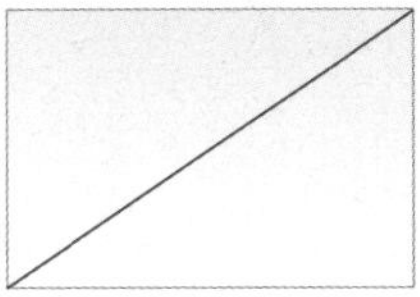
㉠

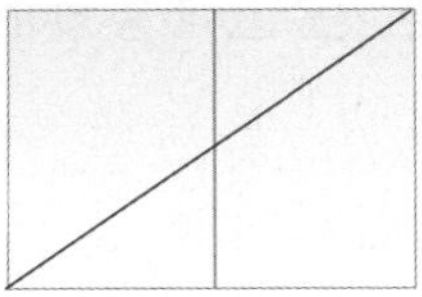
㉡

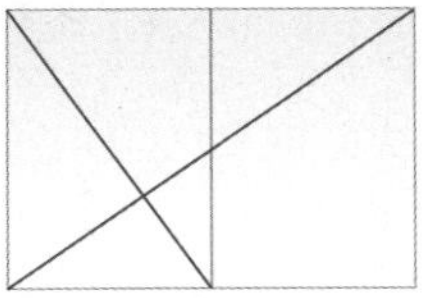
㉢

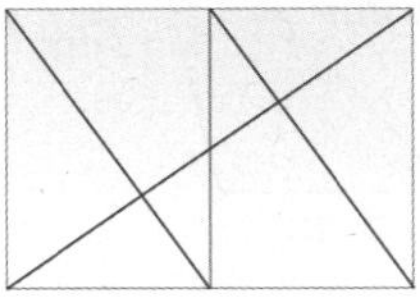
㉣

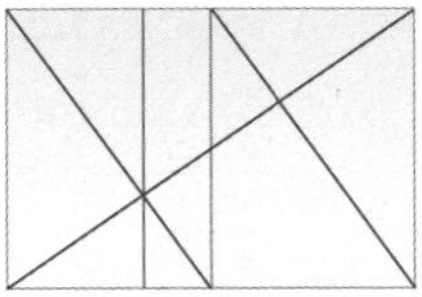
㉤

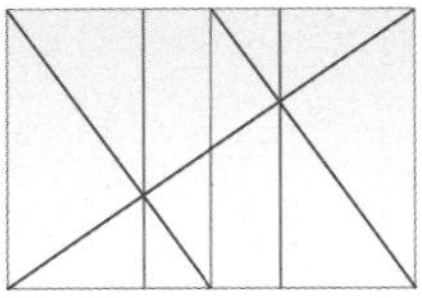
㉥

1 ㉡에서 닮음인 삼각형을 찾고 닮음비를 구해 보자.

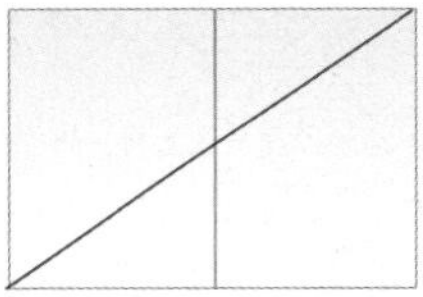

2 ㉢에서 대각선의 반이 $2:1$로 나뉘어진다고 할 때, 왜 그런지 이유를 써보자.

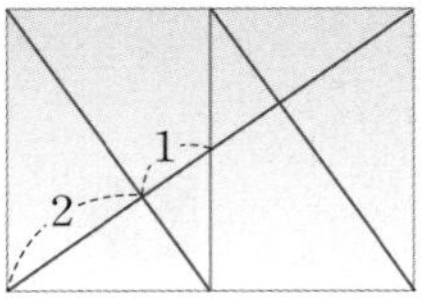

3 어떤 원리에 의해 A4용지의 긴 변을 삼등분한 것인지 설명해 보자.

개념과 원리 탐구하기 10

▌ 준비물 : 가위, 이쑤시개
165쪽 〈부록 3〉의 직사각형, 마름모, 사다리꼴을 이용하세요.

1 두꺼운 종이와 이쑤시개를 이용하여 팽이를 만들려고 합니다.

(1) 사각형 모양의 팽이를 만들려면 이쑤시개를 꽂을 위치를 정해야 합니다. 이쑤시개의 위치를 예상해서 표시해 보자.

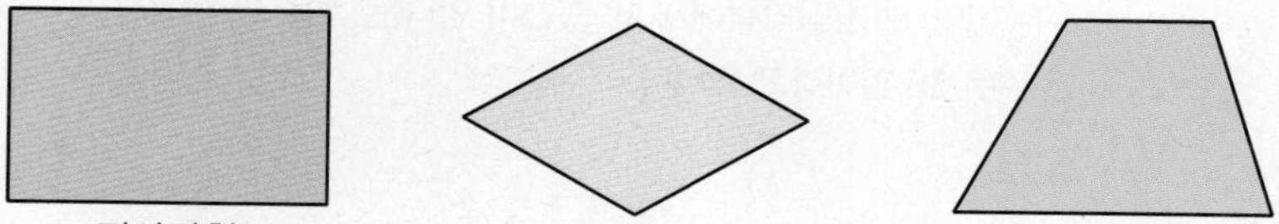

직사각형 　 마름모 　 사다리꼴

(2) (1)에서 정한 위치에 이쑤시개를 꽂아 팽이를 돌려 보고 혹시 돌아가지 않는다면 이쑤시개의 위치를 수정해서 돌려 보자. 팽이를 잘 돌리기 위한 이쑤시개의 위치를 어떻게 찾았는지 설명해 보자.

(3) 삼각형 모양의 팽이를 돌리기 위해서 이쑤시개의 위치를 어느 곳에 정해야 할지 예상해서 표시해 보자. 또 그렇게 생각한 이유도 써보자.

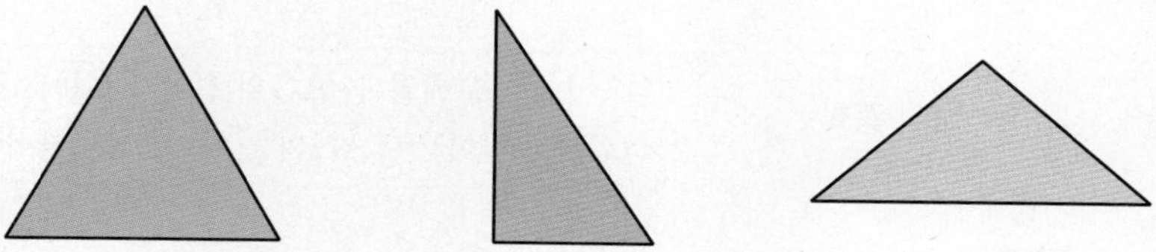

(4) 자유롭게 삼각형 모양을 만들어 팽이를 돌려 보고 이쑤시개의 위치를 효율적으로 찾는 방법을 정리해 보자.

개념과 원리 탐구하기 11

삼각형에서 한 꼭짓점과 그 대변의 중점을 이은 선분을 중선이라고 합니다. 오른쪽 그림의 △ABC에서 $\overline{AD}$, $\overline{BE}$, $\overline{CF}$는 중선이고, 한 삼각형에는 세 개의 중선이 있습니다. 이와 같이 삼각형에서 세 중선이 만나는 점을 그 삼각형의 **무게중심**이라고 합니다.

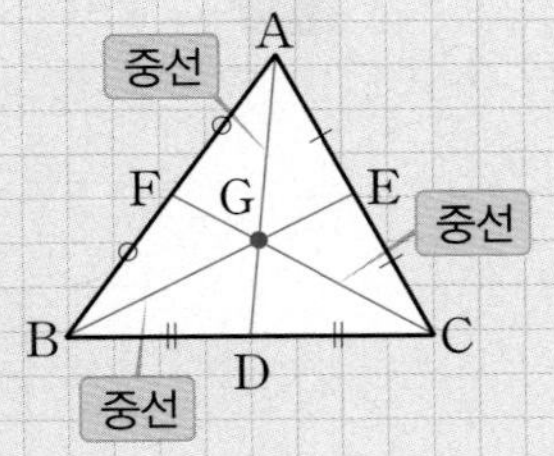

다음 대화를 읽고 다음을 함께 탐구해 보자.

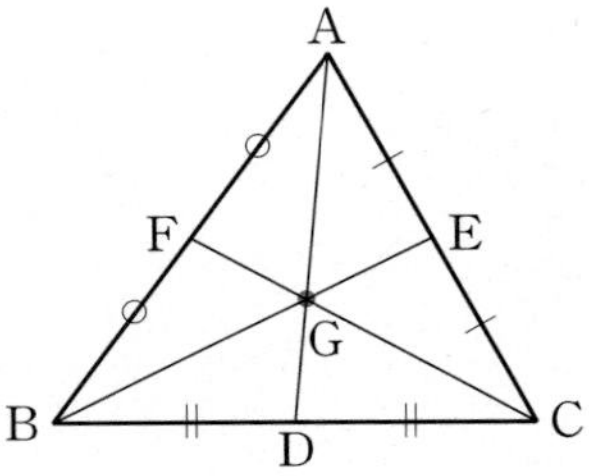

세영: 삼각형 팽이를 돌리려고 중선을 그어 보니 세 개의 중선이 한 점에서 만나! 근데 이 점은 뭐지?

종희: 무게중심이라고 했어. 세 중선들로 나눠진 6개의 삼각형을 한번 보자. 앗! 세영아! 너무 신기해.
(①)

세영: 그런데 세 중선을 항상 이렇게 그려 봐야 찾을 수 있을까? 내 생각엔 무게중심 G는 그냥 중선 하나를 그리고, 그 중점으로 잡으면 될 것 같은데 ⋯.

종희: 정말? 이게 가운데일까? $\overline{AG}$의 길이가 $\overline{GD}$의 길이보다 더 길어 보여. $2\times(\overline{GD}$의 길이$)=(\overline{AG}$의 길이$)$가 성립하지 않을까?

1 종희가 ①에서 찾아낸 사실은 무엇일까요? △ABC의 중선에 의해 생긴 작은 6개 삼각형의 특징을 찾아 써보자.

2 세영과 종희는 삼각형의 무게중심을 중선 하나만 그려서 찾아보려고 했습니다. 누구의 방법이 옳은지 판단해 보고 그렇게 생각한 이유를 써보자.

탐구 되돌아보기

1 다음 두 볼링 공과 두 우유 팩은 닮은 도형인지 아닌지 생각해 보고 그 이유를 설명해 보자.

2 항상 닮은 도형인 것은 무엇이 있을까요? 왜 그렇게 생각하는지 이유를 적어 보자.

3 높이가 9 cm인 정사각뿔 모양의 용기에 물을 채우려고 합니다. 정사각뿔 높이의 $\frac{1}{2}$이 되는 지점까지 일정한 속도로 물을 채우는 데 5분의 시간이 걸렸다고 합니다. 같은 속도로 용기를 가득 채울 때까지 시간이 얼마나 걸리는지를 구하고 그 이유를 설명해 보자.

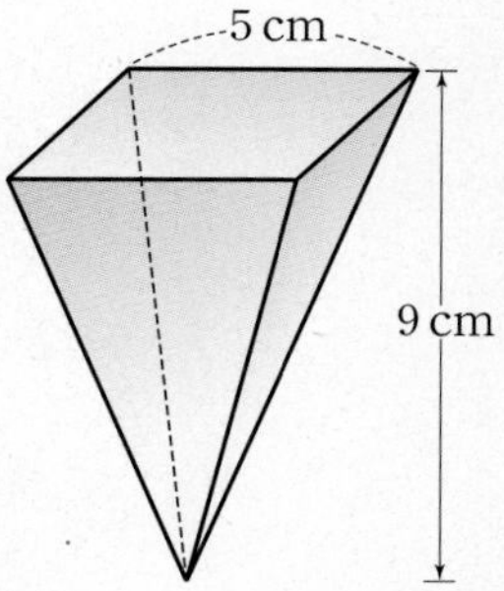

4 축척은 실제 길이를 일정하게 줄인 비율입니다. 다음 지도의 축척이 $\frac{1}{5000}$일 때, 닮음을 이용하여 다음을 함께 탐구해 보자. (준비물 : 자)

(1) 행복중학교에 다니고 있는 지훈이는 학교에서 중앙공원까지 운동을 하러 굵은 선을 따라 걸어간다고 합니다. 지훈이가 이동한 거리가 얼마인지 구해 보자.

(2) 축척을 배운 지훈이는 실제 행복중학교의 넓이가 궁금해졌습니다. 지도 위에서의 길이와 넓이를 이용해 어떻게 구할 수 있을지 설명해 보자.

5 다음을 함께 탐구해 보자.

(1) 삼각형의 합동 조건을 이용하여 닮음 조건을 완성해 보자.

삼각형의 합동 조건	삼각형의 닮음 조건
두 삼각형은 다음과 같은 경우에 서로 합동이다. ① 대응하는 세 변의 길이가 각각 같다. (SSS합동) ② 대응하는 두 변의 길이가 각각 같고, 그 끼인 각의 크기가 같다. (SAS합동) ③ 대응하는 한 변의 길이가 같고 그 양 끝각의 크기가 각각 같다. (ASA합동)	

(2) 삼각형의 합동 조건과 닮음 조건의 차이점을 써보자.

6 STAGE 6에서 직각삼각형의 외심은 빗변의 중점에 있음을 배웠습니다. 삼각형의 닮음을 이용하여 이를 설명해 보자.

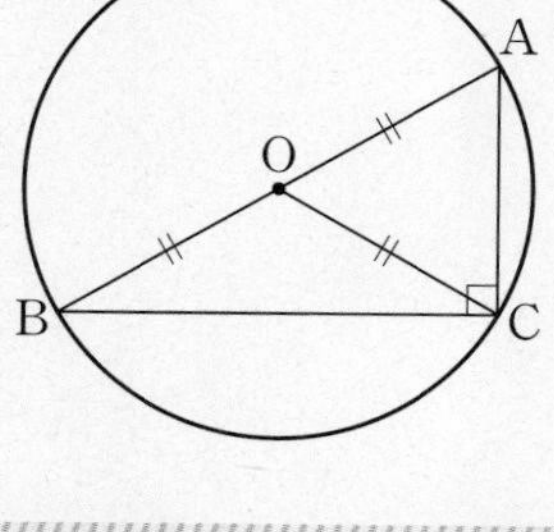

7 **STAGE 3에서 직선의 기울기를 구할 때, 직선 위의 임의의 두 점을 잡아서 구할 수 있음을 배웠습니다. 즉, 직선이 지나는 아무 점이나 두 개의 점을 잡아서 기울기를 구해도 항상 같은 값이 나온다는 것입니다. 삼각형의 닮음을 이용하여 이를 설명해 보자.**

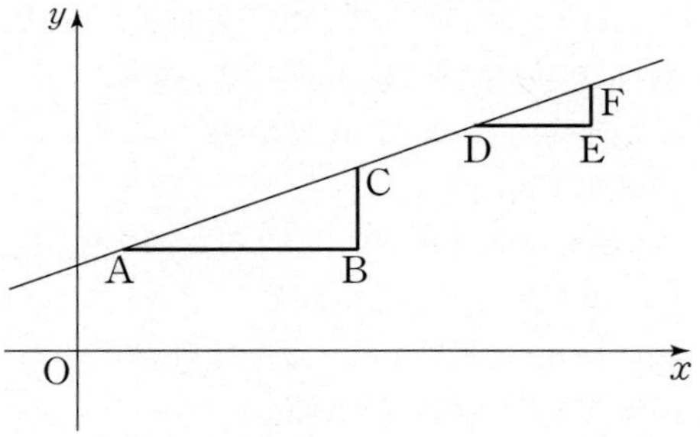

내가 만드는 수학 이야기

8 심을 아무렇게나 꽂은 팽이보다 무게중심에 심을 꽂은 팽이가 더 잘 돌아갑니다. 정말 그럴까요? 실제로 축이 무게중심에 있으면 어느 물건이든 잘 돈다고 합니다. 나만의 팽이를 디자인하고, 심을 어디에 꽂으면 균형있게 돌 수 있을지 논리적으로 고민하여 심의 위치를 정해 보자. 또한 그렇게 생각한 이유를 그림으로 나타내 보자.

제 목

2 피타고라스와 숨바꼭질

직각삼각형에서 변의 길이 사이에는 특별한 관계가 숨어 있다고 합니다. 고대 이집트에서는 이 특별한 관계를 이용하여 밧줄에 같은 간격의 12개의 매듭을 만들어 가지고 다니면서 직각을 찾았다고 합니다. 직각삼각형의 모양은 건축물 등 실생활에서도 많이 찾아 볼 수 있습니다.

이 단원에서는 그리스의 수학자이자 철학자인 피타고라스의 이름을 따서 부르는 정리를 직각삼각형에서 발견해 봅시다. 그리고 이것을 이용하여 여러 가지 문제를 해결하는 방법을 찾아 봅시다.

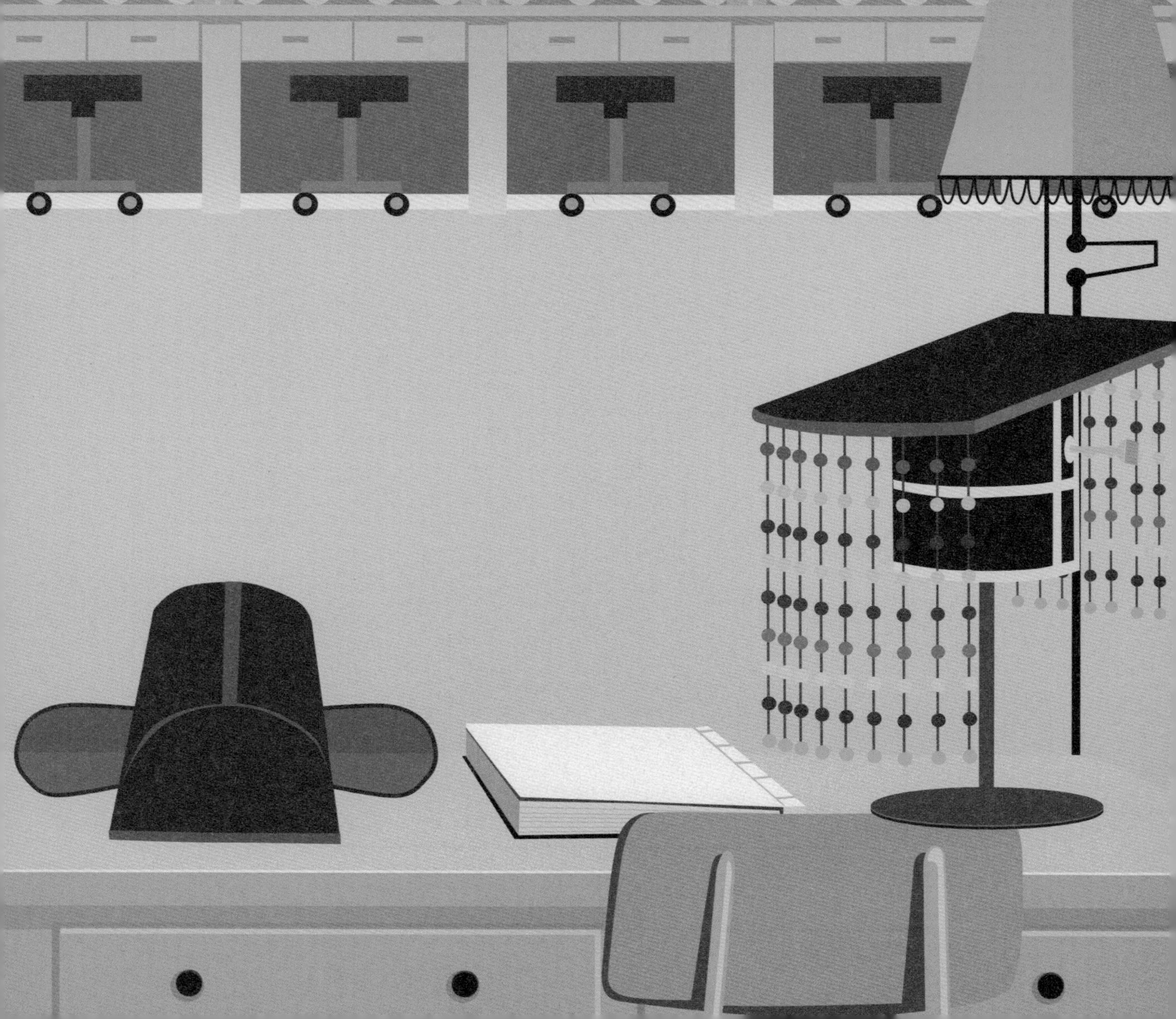

/ 1 / 나는 어떤 삼각형일까

개념과 원리 탐구하기 1

▌준비물 : 가위
167쪽 〈부록 4〉의 퍼즐 조각을 이용하세요.

1 다음 그림은 삼각형의 각 변을 한 변으로 하는 정사각형 P, Q, R를 그린 것입니다.

(1) 정사각형 P, Q, R의 넓이를 모눈을 이용하여 구하고, 각 삼각형의 변에 그려진 정사각형의 넓이 사이에는 어떠한 관계가 있는지 찾아보자. (모눈 한칸의 길이는 1입니다.)

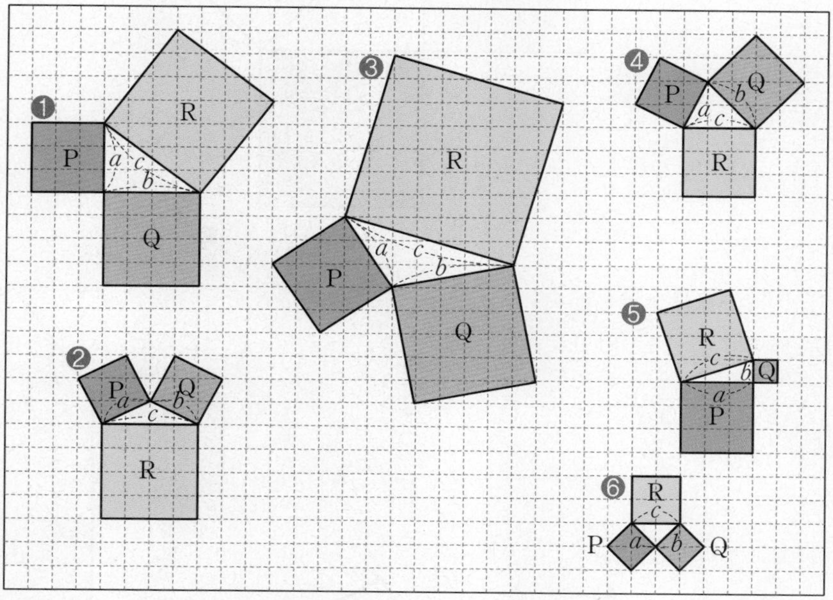

(2) 삼각형의 세 변의 길이를 a, b, c라고 할 때, (1)에서 발견한 사실을 문자를 이용하여 나타내 보자.

2 다음은 직각삼각형의 각 변에 정사각형을 그린 것입니다.

(1) 〈부록 4〉의 퍼즐 조각을 오려서 1 에서 추측한 사실을 설명해 보자.

❶

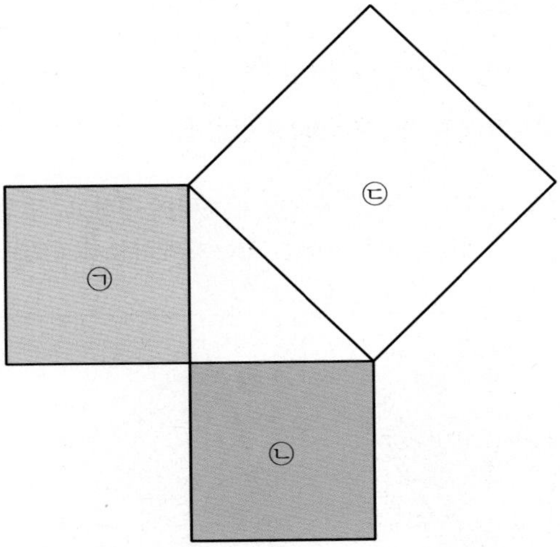

❷

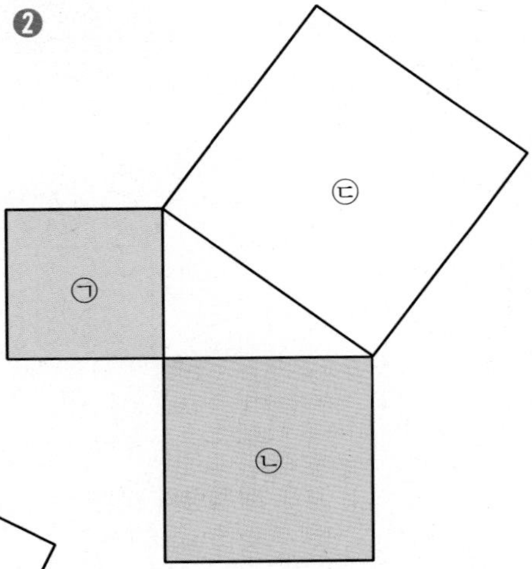

❸

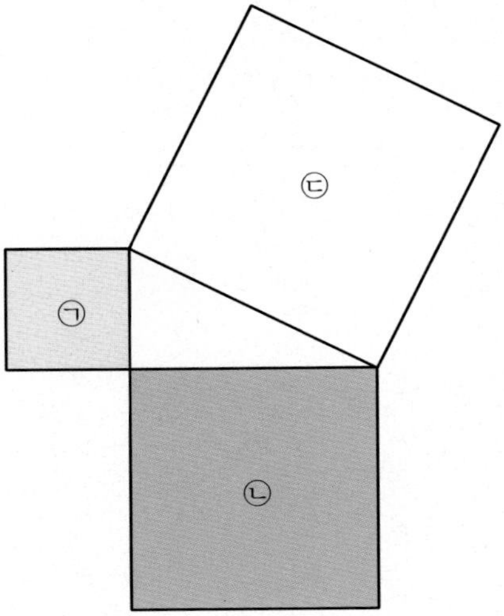

❹

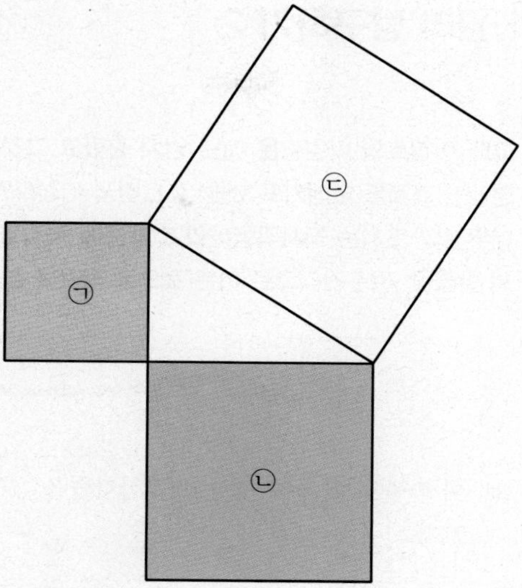

(2) 1 에서 발견한 넓이 사이의 관계가 모든 삼각형에 대해서도 성립한다고 할 수 있는지 생각해 보고 그렇게 생각한 이유를 설명해 보자.

개념과 원리 탐구하기 2

1 고대 이집트의 나일강은 매년 넘쳐 흘렀고 그것은 주변의 땅에 홍수를 일으켰고 종종 토지의 경계선 표시를 없애기도 했습니다. 결국 이집트인들은 매년 그들의 땅을 다시 측정해야 했는데 대부분의 토지는 직사각형이었기 때문에 직각을 나타내는 방법이 필요했습니다. 그들은 12개의 밧줄을 같은 간격으로 이은 것으로 직각을 찾는 방법을 고안했습니다.

(1) 이 밧줄로 만들 수 있는 직각삼각형을 그려 보고 그 삼각형이 직각삼각형임을 설명해 보자.

(2) 이집트인들이 이런 방법으로 측정한 이유가 무엇일지 추측하여 써보자.

2 직각삼각형에서 직각을 낀 두 변의 길이를 각각 a, b라 하고 빗변의 길이를 c라고 하면 다음 등식이 성립합니다. 이를 피타고라스 정리라고 합니다.

$$a^2+b^2=c^2$$

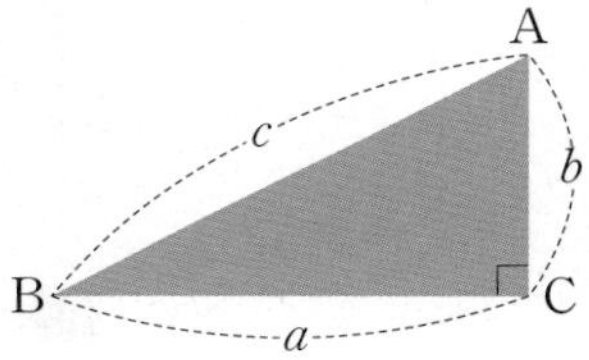

[보기]를 이용하여 피타고라스 정리를 만족하는 자연수의 쌍을 있는대로 찾아보자.

[보기]

$1^2=1$	$2^2=4$	$3^2=9$	$4^2=16$	$5^2=25$
$6^2=36$	$7^2=49$	$8^2=64$	$9^2=81$	$10^2=100$
$11^2=121$	$12^2=144$	$13^2=169$	$14^2=196$	$15^2=225$
$16^2=256$	$17^2=289$	$18^2=324$	$19^2=361$	$20^2=400$
$21^2=441$	$22^2=484$	$23^2=529$	$24^2=576$	$25^2=625$

개념과 원리 탐구하기 3

1 **그림과 같이 $\angle A=90°$인 직각삼각형 ABC의 꼭지점 A에서 변 BC에 내린 수선의 발을 D라고 합니다. 다음을 함께 탐구해 보자.**

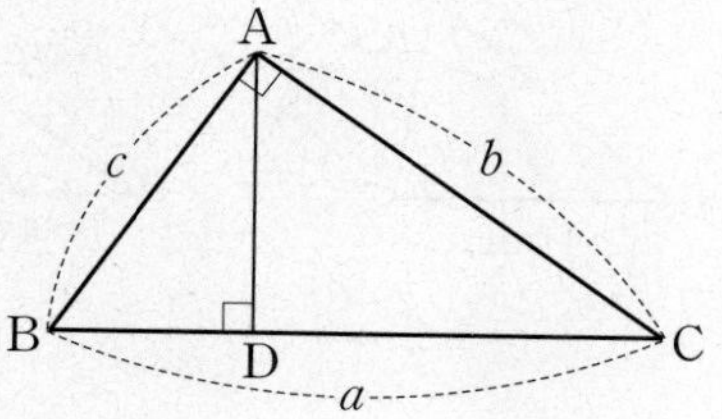

(1) 위 그림에서 삼각형 ABC와 서로 닮음인 삼각형을 모두 찾아 같은 모양으로 옆에 그리고 기호로 나타내 보자.

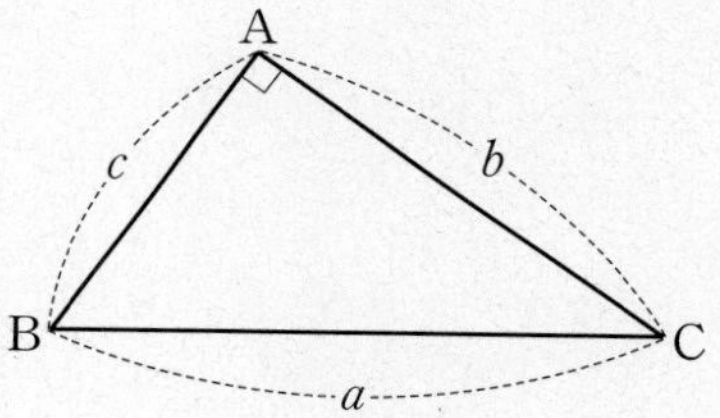

(2) (1)에서 각 변의 길이를 소문자로 표시하고 닮음비를 이용하여 피타고라스 정리를 설명해 보자.

개념과 원리 탐구하기 4

1 삼각형 ABC에서 $\overline{AC}=3$ cm, $\overline{BC}=4$ cm입니다.

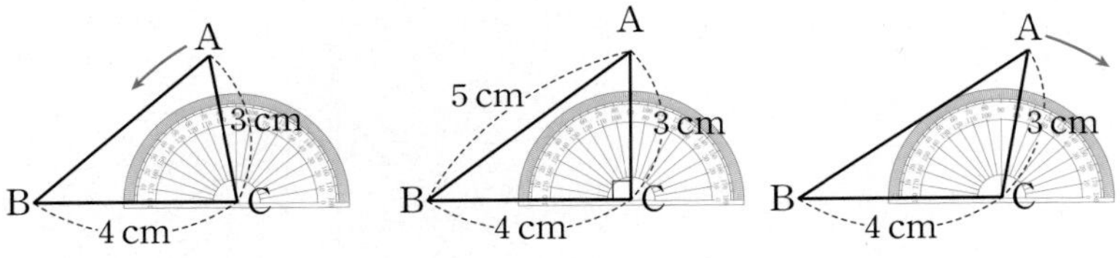

[그림 1] [그림 2] [그림 3]

(1) [그림2]에서 직각을 낀 두 변 사이의 각의 크기를 변화시킬 때, [그림1]과 [그림3]에서 $\overline{AB}$의 길이는 어떻게 변화하는지 위의 그림을 이용해 설명해 보자.

2 **1** 의 나의 추측과 탐구하기 1에서 한 활동을 참고하여 삼각형의 종류에 따른 변의 길이의 관계를 등호와 부등호를 이용한 식으로 나타내 보자.

(1) 예각삼각형	
(2) 직각삼각형	
(3) 둔각삼각형	

탐구 되돌아보기

1 아래 도형은 직각을 낀 두 변의 길이가 3 cm, 4 cm인 직각삼각형 4개로 만든 것입니다. 이 직각삼각형의 빗변의 길이를 구할 때, 피타고라스 정리를 이용할 수 있습니다. 아래 그림을 이용하여 직각삼각형의 빗변의 길이가 5 cm임을 설명해 보자.

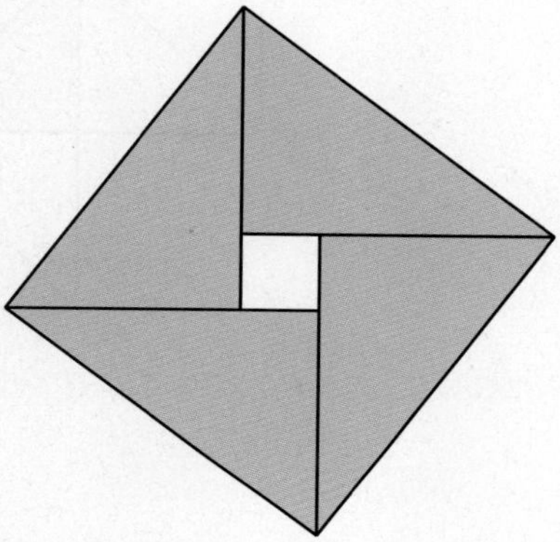

2 오른쪽 그림과 같은 직각삼각형에서 세 변의 길이를 a, b, c라고 합니다. 아래 두 정사각형의 그림을 이용하여 피타고라스 정리를 설명해 보자. (단, 그림에 있는 모든 직각삼각형은 합동입니다.)

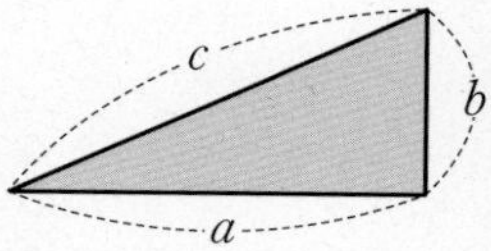

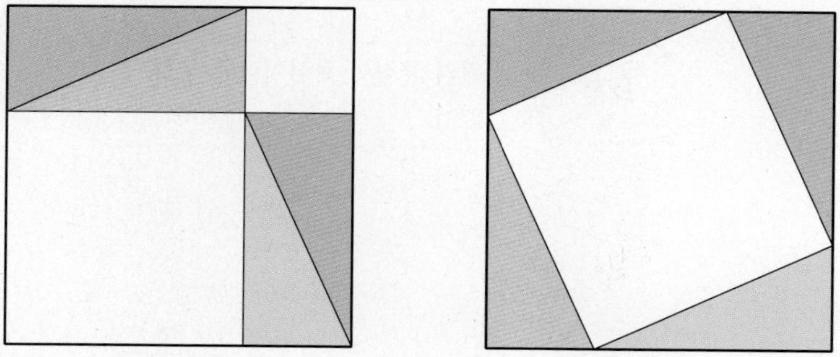

3 다음 그림은 합동인 직각이등변삼각형 9개를 이용하여 만든 것입니다. 이 그림을 이용하여 피타고라스 정리를 설명해 보자.

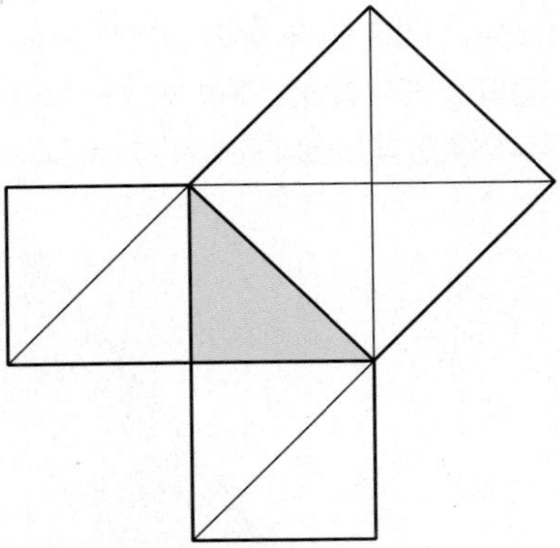

4 태훈이의 방법대로 원의 반지름의 길이를 구하고 그 방법을 설명해 보자.

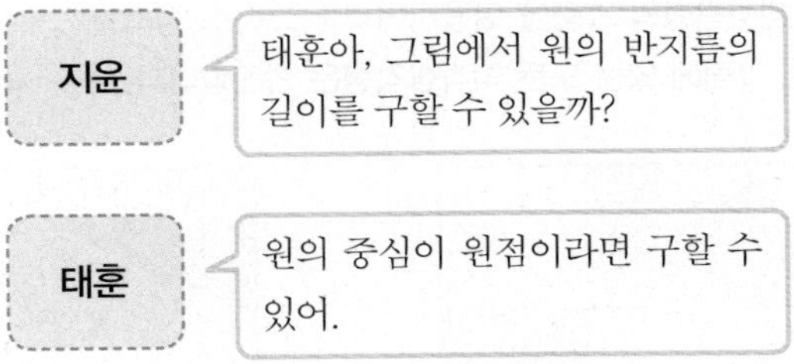

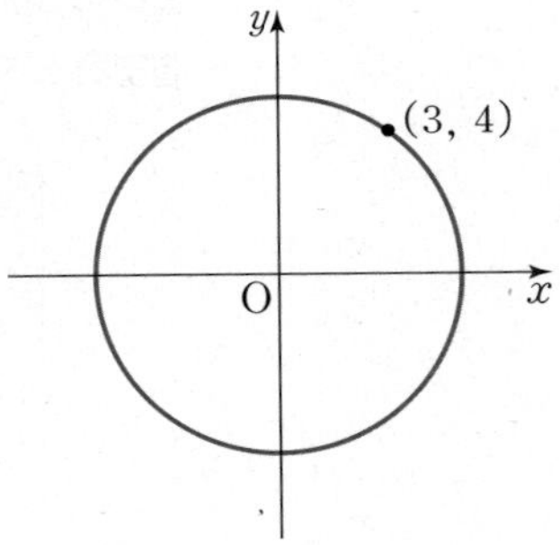

5 세 변의 길이가 다음과 같이 주어진 삼각형이 어떤 삼각형인지 확인하고 그 이유를 써보자.

(1) $(5, 12, 13)$

(2) $(5, 6, 10)$

(3) $(4, 4, 4)$

(4) $(1, 2, 2)$

6 고대 이집트 사람들은 같은 간격으로 12개의 밧줄을 이은 것을 팽팽하게 잡아당겨 직각삼각형 모양을 만들었다고 합니다. 이은 밧줄의 개수를 30개로 바꾸어 다른 직각삼각형 모양을 만드는 방법을 설명해 보자.

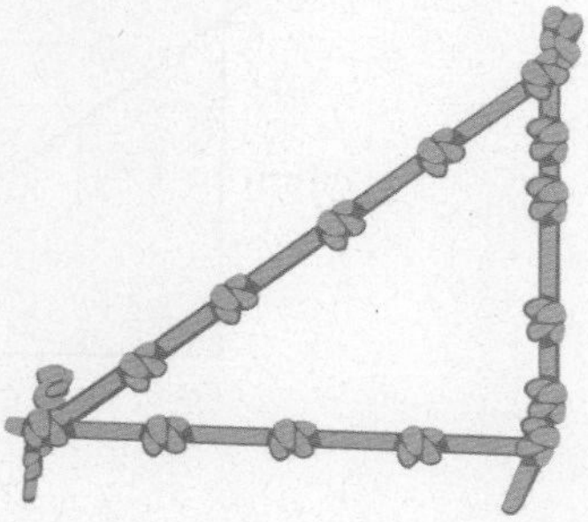

7 다음 그림에서 x의 길이를 구해 보자.

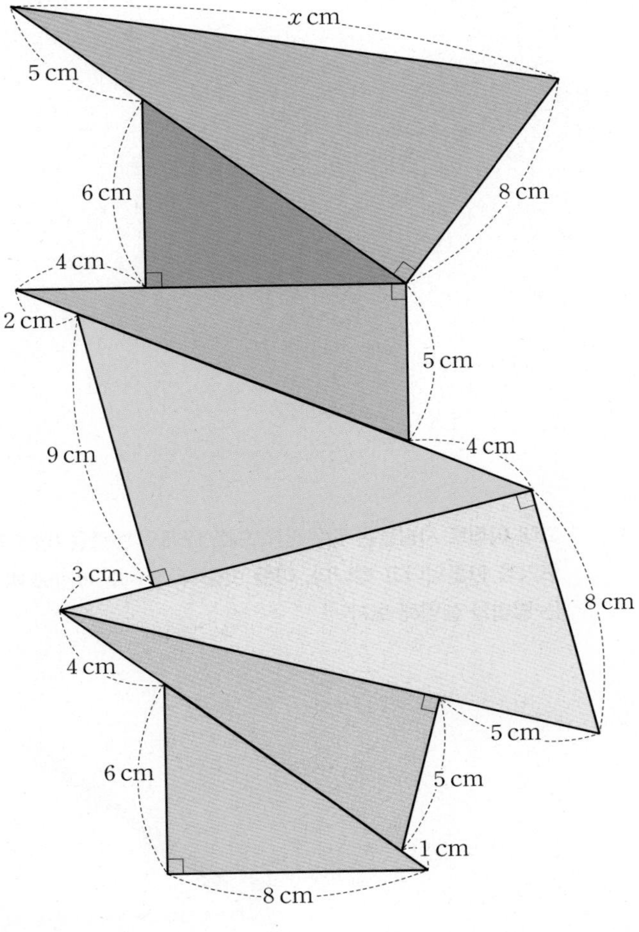

내가 만드는 수학 이야기

8 피타고라스 정리는 고대 그리스의 수학자 피타고라스로부터 유래되었습니다. 그리고 피타고라스 정리를 설명하는 방법은 360여 개에 이른다고 합니다. 직각삼각형의 세 변의 길이 사이에 특별한 관계가 있음을 발견한 기록은 고대 바빌로니아, 이집트 중국, 인도의 고대 기록도 많이 남아 있습니다. 피타고라스 정리와 관련된 이야기를 찾아보고 그 내용을 만화로 표현해 보자.

제 목

Jump on your dreams : 꿈 딛고 점프

개념과 원리 연결하기

1 정삼각형에서 무게중심, 외심, 내심은 그 위치가 서로 같은지 알아보고, 그렇게 생각한 이유를 써보자.

나의 첫 생각

다른 친구들의 생각

정리된 나의 생각

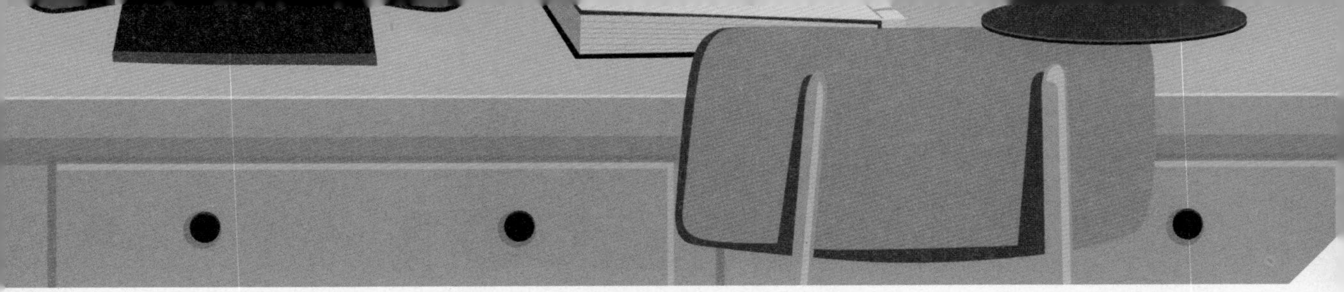

2 도형의 닮음의 개념을 정리해 보자.

(1) 이 단원에서 알게 된 닮음의 뜻과 성질에 대해 모두 정리해 보자.

(2) 닮음과 연결된 개념을 복습해 보자. 그리고 제시된 개념과 닮음 사이의 연결성을 찾아 모둠에서 함께 정리해 보자.

닮음과 연결된 개념	닮음과 관련 개념 사이의 연결성
• 평면도형의 성질 • 입체도형의 성질 • 비와 비율 • 축소 및 확대 • 삼각형의 합동 조건	

수학 학습원리 완성하기

종희는 다음과 같은 방법으로 1 탐구하기 3 에 있는 문제를 해결하기 위한 자기 사고 과정을 설명했습니다.

내가 선택한 문제

2 방 1, 2, 3의 실제 넓이와 축소한 넓이를 구해 보고 닮음비와 넓이의 비 사이의 관계를 설명해 보자.

종희의 깨달음

2번 문제의 표를 채우면서 실제 넓이는 m^2단위로 계산하였고, 축소된 넓이는 cm^2단위로 계산하여 아래와 같이 표를 채웠다.

	(1) 실제 넓이	(2) 축소된 넓이
방1	17.28 m^2	27 cm^2
방2	8.96 m^2	14 cm^2
방3	10.08 m^2	15.75 cm^2

그리고 축소된 넓이가 더 크다고 생각하여 (2)÷(1)로 넓이의 비를 구해 보니 1.5625가 나와서 이상하다고 생각이 들었다. 뭔가 잘못되었다는 생각에 (1)÷(2)로 넓이의 비를 구해 보니 0.64가 나왔다. 그리고 옆에 민석이와 나의 답을 비교해 보니 민석이의 표에는 실제 넓이의 숫자가 매우 컸다. 결국 내가 단위를 통일하지 않은 상태에서 넓이의 비를 구하려고 해서 이런 잘못된 결과를 얻었다. 결국 다시 m로 단위를 바꾸고 계산하여 보니 닮음비가 1 : 80일 때는 넓이의 비가 1 : 6400이라는 값을 얻었고 이는 가로의 길이도 80배, 세로의 길이도 80배 된 것이 곱해져서 6400이 되었다는 사실이 매우 신기했다.

수학 학습원리

학습원리 3. 수학적 추론을 통해 자신의 생각 정리하기

1 종희의 설명에서 여러분은 다른 학습원리를 발견할 수 있는지 찾아보자.

2 종희가 한 것처럼 여러분도 이 단원의 다른 문제를 선택하여 해결하는 사고 과정을 설명해 보고 사용한 수학 학습원리를 찾아보자.

내가 선택한 문제

나의 깨달음
수학 학습원리

수학 학습원리

1. 끈기 있는 태도와 자신감 기르기
2. 관찰하는 습관을 통해 규칙성 표현하기
3. 수학적 추론을 통해 자신의 생각 정리하기
4. 수학적 의사소통 능력 기르기
5. 여러 가지 수학 개념 연결하기

STAGE 9

세상을 예측해 보자

크리스마스에 눈이 올 확률은 얼마나 될까요? 기상 캐스터는 우리에게 '날씨의 확률'을 알려 주는 직업입니다. 요즘에는 일기 예보가 틀리는 경우는 거의 없지만, 소풍 가는 날 미세 먼지가 많을지, 이사 가는 날 비가 오는지 등 날씨에는 여전히 100% 확신할 수 없는 수수께끼 같은 면이 있지요. 이번 단원에는 불확실한 것이 더욱 매력적인 확률에 대해 알아보기로 해요.

1 국제 아동 돕기

세계에서 가장 먼저 개통된 지하철은 1863년 런던에 건설된 '메트로폴리탄 철도(Metropolitan Railway)'이고 세계 최초의 전기 지하철은 1890년 런던에 건설된 '튜브(tube)'입니다. 한국은 1970년대에 들어서면서 늘어난 교통 수요를 처리하기 위하여 지하철도를 건설하기 시작했습니다. 1971년 4월에 서울특별시에서 지하철 1호선이 착공되어 1974년 8월 15일에 개통된 것을 시작으로 현재는 부산, 대구, 인천, 대전, 광주 등의 도시에 지하철이 운행되고 있습니다.

지하철역 중에서는 2개의 노선이 교차하는 역도 있고 3개 이상의 노선이 교차하는 역도 있습니다. 지하철을 타고 목적지에 갈 때 여러 가지 노선이 교차하는 역에서 출발할 때는 어떤 노선을 타야할지 판단해야 합니다. 제일 빨리가는 경로를 선택하기도 하고 환승을 하지 않고 한 번에 갈 수 있는 경로를 선택하기도 합니다. 이처럼 우리 생활에서는 어떤 판단을 하기 위하여 여러 가지 경우를 생각해야 하는 상황을 흔히 만나게 됩니다.

이 단원에서는 어떤 일이 일어나는 경우의 수를 알아보고, 여러 가지 상황에서 경우의 수를 구하는 방법을 발견해 봅시다.

/1/ 국제 아동을 돕기로 한 친구들

개념과 원리 탐구하기 1

지수와 민지와 하영이는 사회 시간에 같은 반 모둠입니다. 이번 학기 사회 과목의 모둠별 프로젝트는 우리 주변에 도움이 필요한 사람들에 대해 알아보고 어떤 도움을 줄 수 있는지 조사하여 실행에 옮기고 그 과정을 발표하는 것입니다.

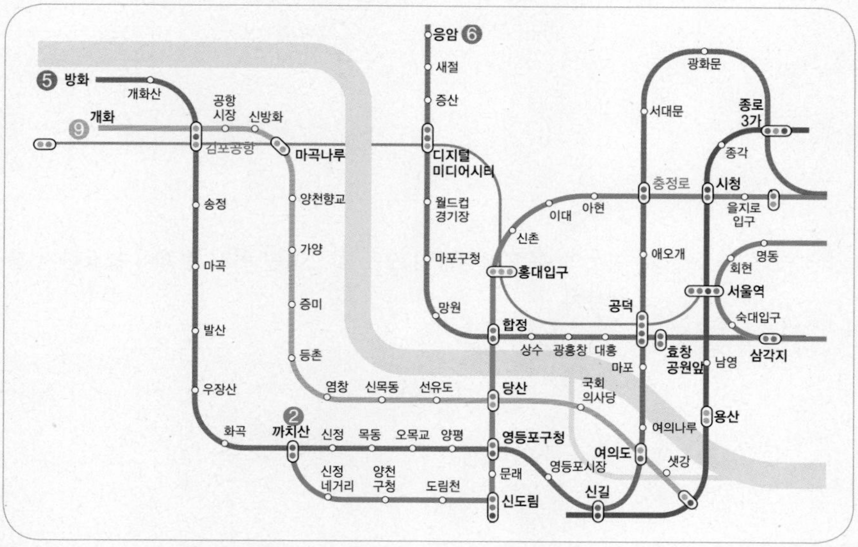

1 **지수와 민지는 김포공항역에서 만나 하영이네 집으로 가서 모둠별 프로젝트를 준비하기로 했습니다. 하영이네 집이 충정로역에 가까운 곳에 위치하고 있어서 지수와 민지는 지하철을 타고 가기로 했습니다. 다음을 함께 탐구해 보자.**

(1) 지수와 민지가 하영이네 집까지 지하철로 갈 수 있는 방법을 3가지 이상 구해 보자.

(2) 지수와 민지는 가위바위보를 해서 지수가 이기면 김포공항에서 5호선을 타기로 했습니다. 두 친구가 5호선을 탈 경우는 모두 몇 가지인지 구해 보자.

가위바위보를 할 때, '이긴다', '진다', '비긴다'와 같이 동일한 조건에서 반복할 수 있는 실험이나 관찰에 의하여 나타나는 결과를 **사건**이라고 합니다. 이때 사건이 일어나는 가짓수를 그 사건의 경우의 수라고 합니다.

2 **다음을 함께 탐구해 보자.**

(1) 지하철을 최대 1번만 갈아타고 목적지까지 가는 모든 경우의 수를 구해 보자.

(2) 경우의 수를 빠짐없이 모두 찾으려면 어떤 전략이 필요한지 생각하여 그 방법을 설명해보자.

나의 생각	모둠의 의견

3 **지하철 한 정거장을 가는데 평균 2분이 걸린다고 합니다. 또한 지하철을 갈아탈 때 평균 5분의 시간이 더 걸린다고 합니다. 여러 가지 경로 중 본인이라면 어떤 경로를 선택하여 목적지로 갈지 생각하고 그 경로를 선택한 이유를 설명해 보자. (단, 공항철도로 김포공항역에서 디지털미디어시티역까지는 10분이 걸립니다.)**

개념과 원리 탐구하기 2

세 친구는 국제아동기구에 직접 방문하여 후원 국가와 그 곳의 아이들에 대해 구체적으로 알아보기로 했습니다. 국제아동기구에 도착한 친구들은 1층 로비에 있는 후원 국가들의 사진을 보며 세계 많은 나라의 어린이들이 전쟁과 질병, 기아로 힘겹게 살아가고 있으며 제대로 된 교육을 받지 못하고 있다는 것을 알게 되었습니다. 세 친구는 건물을 둘러보면서 이 단체에서 후원하는 나라들이 아프리카의 우간다, 케냐, 에티오피아 그리고 아시아의 필리핀, 인도네시아가 있다는 것을 알게 되었습니다.

1 다음을 함께 탐구해 보자.

(1) 민지는 두 대륙 중에 한 대륙을 선택하여 그 대륙에 있는 나라 중 한 나라를 후원하려고 합니다. 민지가 선택할 수 있는 모든 경우의 수를 구하고, 그렇게 구한 이유를 그림과 식으로 설명해 보자.

(2) 하영이는 아프리카와 아시아에서 각각 대륙별로 한 나라씩 선택하여 2개의 나라를 후원하려고 합니다. 하영이가 선택할 수 있는 모든 경우의 수를 구하고, 그렇게 구한 이유를 그림과 식으로 설명해 보자.

(3) 아프리카의 세 나라 중에서 지수, 민지, 하영이가 서로 다른 나라를 각각 하나씩 택하는 모든 경우를 나열해 보고 빠짐없이 모든 경우를 찾는 효과적인 방법을 설명해 보자.

2 다음을 함께 탐구해 보자.

(1) 지수, 민지, 하영이가 다섯 개의 나라 중에서 각각 어느 한 나라를 선택하여 후원하는 경우의 수를 모두 구하고, 그렇게 구한 이유를 그림과 식으로 설명해 보자.

(2) 지수, 민지, 하영이가 다섯 개의 나라 중에서 서로 다른 나라를 각각 하나씩 선택하여 후원하는 경우의 수를 모두 구하고, 그렇게 구한 이유를 그림과 식으로 설명해 보자.

(3) 2 (1)과 2 (2)의 물음에 대한 차이점이 무엇인지 정리해 보자.

3 일반적으로 동시에 일어나지 않는 두 사건 A와 B에 대하여 사건 A가 일어나는 경우의 수가 m이고, 사건 B가 일어나는 경우의 수가 n일 때, 사건 A 또는 사건 B가 일어나는 경우의 수는 다음과 같습니다.

(사건 A 또는 사건 B가 일어나는 경우의 수)$=m+n$

또한 사건 A가 일어나는 경우의 수가 m이고, 그 각각에 대하여 사건 B가 일어나는 경우의 수가 n이면 두 사건 A와 B가 동시에 일어나는 경우의 수는 다음과 같습니다.

(사건 A와 사건 B가 동시에 일어나는 경우의 수)$=m\times n$

'두 사건 A와 B가 동시에 일어나지 않는다', '두 사건 A와 B가 동시에 일어난다'의 의미가 무엇인지 생각하여 나만의 문장으로 써보고, 모둠에서 $m+n$과 $m\times n$의 의미를 정리해 보자.

나의 생각	모둠의 의견

개념과 원리 탐구하기 3

1 **다음과 같이 0부터 4까지의 수가 적힌 카드가 한 장씩 총 다섯 장이 있습니다.**

(1) 윤혜는 다섯 장의 수 카드 중에서 세 장을 뽑아 만들어지는 세 자리 짝수의 개수를 구하려고 합니다. 윤혜가 세 자리 짝수를 모두 찾았는지 확인하고 세 자리 짝수를 빠짐없이 나열하여 쓰는 방법을 정리해 보자.

23개나 구했는데 뭐가 빠졌지? 나는 더 이상은 못 찾겠어!

302, 230, 410, 130, 210, 320, 432, 304, 140, 312,
430, 420, 102, 134, 340, 214, 240, 142, 104,
412, 230, 234, 340

(2) 다섯 장의 수 카드 중 세 장을 뽑아 만들어지는 세 자리 홀수를 나뭇가지 모양으로 모두 그려서 구하고 그 개수를 구해 보자.

(3) (1)에서 윤혜는 나열하지 않고 다음과 같이 구했습니다. 이 풀이에 대한 자신의 생각을 정리하여 설명해 보자.

❶ 세 자리 수이므로 백의 자리에는 0을 제외하고 1, 2, 3, 4의 네 수가 올 수 있습니다.
❷ 짝수이므로 일의 자리에는 0, 2, 4의 세 수가 올 수 있습니다.
❸ 십의 자리에는 남은 수 중 아무 것이나 가능하므로 세 수가 올 수 있습니다.
이들은 동시에 들어가므로 구하는 세 자리 짝수의 개수는
$4\times3\times3=36$(개)

탐구 되돌아보기

1 크기가 다른 종이컵 2개를 던졌을 때, 아래의 경우 이외에 나올 수 있는 경우에 대해 이야기를 나누어 보자.

2 서로 다른 2개의 주사위를 던진다고 할 때, 두 주사위 눈의 수의 합이 얼마일 때, 가장 많은 경우의 수가 나오는지 조사하여 그 합과 경우의 수를 써보자.

3 **학교에 운동 동아리 4개(풋살, 농구, 탁구, 배구)와 외국어 동아리 3개(영어, 중국어, 일본어)가 있습니다. 다음을 함께 탐구해 보자.**

(1) 이 중에서 한 개의 동아리에 가입하는 경우의 수를 구해 보자.

(2) 이 중에서 운동 동아리 1개와 외국어 동아리 1개에 가입하는 경우의 수를 구해 보자.

4 **빨강, 파랑, 노랑, 초록 4가지 물감이 있습니다. 오른쪽 그림의 A, B, C 세 영역을 이웃하는 영역은 다른 색으로 칠할 때, 다음을 함께 탐구해 보자.**

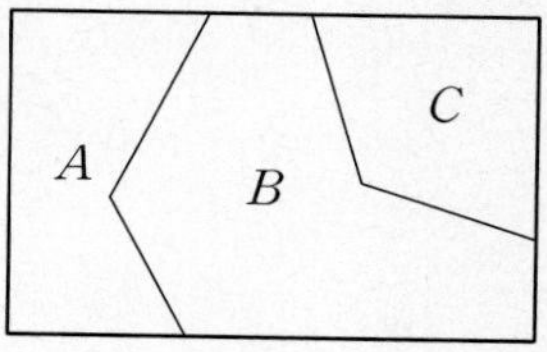

(1) 각각의 물감을 한 영역에 한 번씩만 칠할 수 있을 때, 칠할 수 있는 모든 경우의 수를 구해 보자.

(2) 같은 색을 여러 번 칠할 수 있을 때, 칠할 수 있는 모든 경우의 수를 구해 보자.

5 **주머니 속에 1, 2, 3, 4, 5가 적혀 있는 카드가 각각 한 장씩 들어 있습니다. 차례로 한 장씩 두 번을 뽑아 첫 번째 나오는 수는 십의 자리, 두 번째 나오는 수는 일의 자리인 두 자리 자연수를 만들 때, 다음을 함께 탐구해 보자.**

(1) 꺼낸 카드를 다시 넣지 않을 때, 만들 수 있는 두 자리 자연수의 개수를 구해 보자 .

(2) 꺼낸 카드를 다시 넣을 때, 만들 수 있는 두 자리 자연수의 개수를 구해 보자 .

6 **지수의 어머니는 보석상자에 달린 자물쇠의 비밀번호를 잊어버려서 지수에게 해결을 부탁했습니다. 자물쇠의 번호는 세 자리의 숫자로 각 자리에 올 수 있는 숫자는 0부터 9까지의 수입니다. 지수가 자물쇠의 비밀번호를 알아내기 위해서는 최대한 몇 번 시도해야 하는지 구해 보자.**

7 아래 [그림 1]과 같이 열쇠의 A, B, C, D 위에 있는 점선 부분의 위를 그대로 두거나 깍아서 열쇠를 만들려고 합니다. [그림 2]는 A와 C 부분은 그대로 두고, B와 D 부분을 깍은 모양의 열쇠입니다. 만들 수 있는 모든 열쇠 모양의 개수를 구해 보자.

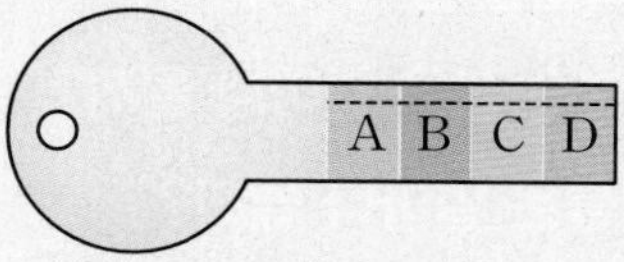

[그림 1]

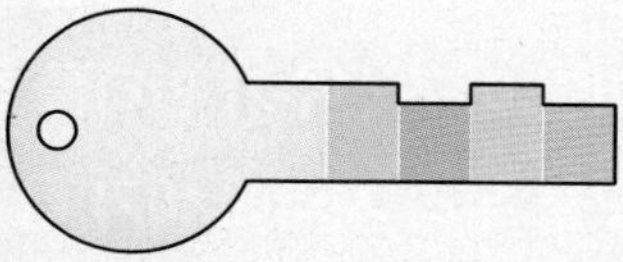

[그림 2]

내가 만드는 수학 이야기

8 경은이는 주말에 미술관과 동물원으로 나들이를 가려고 합니다. 집에서 출발하여 미술관을 먼저 관람한 후 동물원에 가는 코스로 주말 나들이를 계획하고 있습니다. 경은이가 미술관과 동물원에 갈 수 있는 경로를 그림으로 자유롭게 표현하고 경우의 수를 이용하여 경은이의 나들이 코스와 관련된 이야기를 만들어 보자.

제 목

2 모금을 어떻게 할까

“경품 추첨에서 내가 당첨될 확률은 얼마나 될까?”

“어떤 야구 선수가 안타를 칠 가능성은 얼마나 될까?”

“오늘 우리 지역에 비가 올 확률은 얼마나 될까?”

우리는 일상생활에서 가능성이나 확률이라는 말을 쉽게 접할 수 있습니다. 가위바위보를 할 때 승부가 날 가능성, 제비뽑기에서 당첨될 가능성, 야구 선수가 안타를 칠 가능성, 비가 올 가능성 등은 수로 나타낼 수 있습니다. 또한 불확실한 상황에서 어떤 사건이 일어날 가능성의 정도를 예측할 때는 확률을 사용합니다. 이와 같이 일상생활에서 확률을 이용하면 일이 일어날 가능성을 미리 파악하고 미래를 합리적으로 예측할 수 있습니다.

이 단원에서는 가능성을 수치로 나타낸 확률의 개념을 정확히 이해하고 확률의 기본 성질과 계산 방법을 알아봅시다.

/1/ 미리 예측할 수 있을까

개념과 원리 탐구하기 1

지수와 민지와 하영이는 국제아동을 돕기 위해 학교 축제기간에 플리마켓과 게임 부스를 열어 200만 원의 후원금을 마련하려고 합니다. 플리마켓이란 집에서 쓰지는 않지만 버리기엔 아까운 물건을 모아 거래하는 장터입니다. 학교에서는 세 친구들의 국제아동 돕기 취지를 듣고 흔쾌히 플리마켓 부스와 게임 부스의 장소로 운동장과 강당을 추천해 주었습니다. 두 장소 중 어디에서 플리마켓을 열지 동전 던지기로 선택을 하려고 합니다. 한 개의 동전을 던져서 앞면이 나오면 운동장, 뒷면이 나오면 강당에서 플리마켓을 열려고 합니다. 그런데 지수는 이 방법으로 장소를 정하는 것이 공정한지 의문이 들었습니다. 그래서 수학 시간에 반 친구들과 실험을 통해 앞면이 나오는 확률과 뒷면이 나오는 확률이 같은지 조사해 보기로 했습니다.

1 동전 한 개를 10번 던졌을 때 어떤 결과가 나올지 예상하여 다음 표에 써보고 그렇게 예상한 이유를 설명해 보자. (단, 앞면이 나오면 H(Head), 뒷면이 나오면 T(Tail)로 적어 봅시다.)

던지는 횟수	1	2	3	4	5	6	7	8	9	10
H / T										

2 민지가 동전 한 개를 3번 던졌더니 같은 면이 세 번 연속으로 나왔습니다. 10번째까지 동전을 계속 던진다면 어떤 결과가 나올지 예상하여 다음 표에 써보고 그렇게 예상한 이유를 설명해 보자.

던지는 횟수	1	2	3	4	5	6	7	8	9	10
H / T	H	H	H							

3 **동전 한 개를 100번 던진다면 앞면이 나온 횟수는 얼마가 될 지 예상하여 쓰고 그 이유를 설명해 보자.**

4 **다음을 함께 탐구해 보자.**

(1) 모둠별로 대표 한 사람이 직접 동전을 10번 던져서 그 결과를 모둠에서 기록해 보자.

던지는 횟수	1	2	3	4	5	6	7	8	9	10
H / T										

(2) 우리 학급의 각 모둠에서 나온 결과를 모두 기록해 보자.

던지는 횟수	1	2	3	4	5	6	7	8	9	10
1모둠										
2모둠										
3모둠										
4모둠										
5모둠										
6모둠										

이와 같이 동일한 조건에서 이루어지는 많은 횟수의 실험이나 관찰에서 어떤 사건이 일어나는 상대도수가 일정한 값에 가까워질 때, 이 일정한 값을 그 사건이 일어날 **확률**이라고 합니다.

(3) 각 모둠에서 던진 결과를 모두 더하여 앞면과 뒷면의 상대도수를 구하고 상대도수와 확률은 서로 어떤 관계가 있는지 모둠에서 정리해 보자.

던진 횟수	
앞면이 나온 횟수	
뒷면이 나온 횟수	

- 앞면의 상대도수:

- 뒷면의 상대도수:

나의 생각

모둠의 의견

5 **운동장과 강당을 정하는 방법으로 한 개의 동전을 던지는 이 실험이 공정한가 생각해 보고 지수의 의문에 대한 자신의 생각을 써보자.**

어떤 실험이나 관찰에서 각 경우가 일어날 가능성이 같다고 할 때, 일어나는 모든 경우의 수를 n, 어떤 사건 A가 일어나는 경우의 수를 a라 하면 사건 A가 일어날 확률 p는 다음과 같습니다.

$$p=\frac{(\text{사건 } A\text{가 일어나는 경우의 수})}{(\text{일어나는 모든 경우의 수})}=\frac{a}{n}$$

개념과 원리 탐구하기 2

1 다음 일들이 일어날 가능성을 수직선에 표시해 보고 어떤 이유로 각각의 가능성을 판단했는지 써보자.

(1) 내일 학교에 지각한다.
(2) 지구에 소행성이 충돌한다.
(3) 3시간 후에 비가 온다.
(4) 로또 복권에 당첨이 된다.
(5) 주사위 한 개를 던졌을 때 7의 눈이 나온다.

가능성 없음 ← → 가능성 많음

2 아래 목록은 어떤 경우에 대한 가능한 결과들을 정리한 표입니다. 다음을 함께 탐구해 보자.

(1) 각각의 경우 가능한 결과들을 그림이나 글로 정리해 보고 일어날 가능성이 같은지를 판단해 보자.

경우	가능한 결과	가능한 결과들이 일어날 가능성이 같은가?
❶ 종이컵 던지기		
❷ 신생아의 성별	남자 또는 여자	
❸ 압정 던지기		
❹ 옆 반과의 축구 경기		
❺ 주사위 던지기		
❻ O, X 퀴즈에 대한 정답		

(2) 2 (1)번의 경우 중 가능한 결과의 확률을 정확히 계산할 수 있는 경우를 찾고 그 이유를 써보자.

개념과 원리 탐구하기 3

1 오른쪽 그림과 같이 각 면에 1~6까지의 자연수가 하나씩 적힌 직육면체를 던졌을 때 철수는 3의 배수가 나올 확률을 $\frac{2}{6}$라고 하였습니다. 철수가 $\frac{2}{6}$라고 답한 이유를 추측하고, 철수의 답에 대한 자신의 생각을 말해 보자.

2 다음을 함께 탐구해 보자.

(1) 정육면체 주사위 한 개를 던졌을 때, 1의 눈이 나올 확률을 구해 보자.

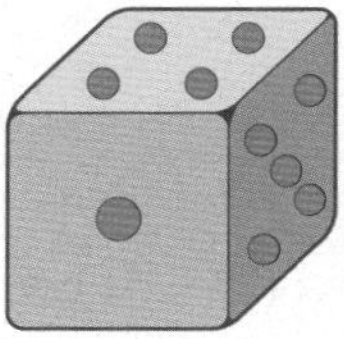

(2) 정육면체 주사위를 이용하여 절대로 일어나지 않을 사건의 확률과 반드시 일어나는 사건의 확률을 구하는 문제를 만들고 풀이 과정을 써보자.

– 절대로 일어나지 않을 사건의 확률

– 반드시 일어나는 사건의 확률

3 일반적으로 어떤 실험이나 관찰에서 각 경우가 일어날 가능성이 같다고 할 때, 일어날 수 있는 모든 경우의 수가 n, 어떤 사건 A가 일어날 경우의 수가 a이면 $0 \leq a \leq n$이다. 사건 A가 일어날 확률을 p라 하면 $p = \frac{a}{n}$이다. 확률 p의 범위를 부등호를 이용해 식으로 표현하고 그 이유를 설명해 보자.

개념과 원리 탐구하기 4

지수네 반에서는 플리마켓 경품 추첨 행사를 담당하여 준비하기로 했습니다. 경품 번호는 00번부터 59번까지 총 60개를 준비하여 나눠주려고 합니다. 경품 추첨은 두 다면체 A, B를 만들어 각각 십의 자리와 일의 자리의 숫자를 결정하여 한 명의 경품 당첨자를 정하려고 합니다.

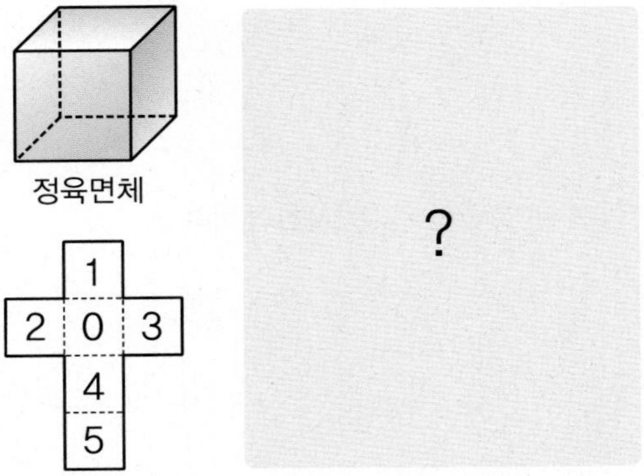

[다면체 A] [다면체 B]

1 **다음을 함께 탐구해 보자.**

(1) 지수는 십의 자리의 숫자를 결정하는 다면체 A를 위의 그림과 같이 만들었습니다. 다면체 A는 십의 자리 숫자를 결정하기에 공정한 주사위인지 판단하고 그 이유를 써보자.

(2) 경품 번호 60개의 당첨 확률이 같도록 하려면 다면체 B는 어떤 모양이어야 하는지 생각하여 쓰고 그렇게 생각한 이유를 써보자.

2 각 면에 1부터 6까지의 숫자가 적혀있는 한 개의 주사위를 두 번 던질 때, 나오는 눈의 수 중 '한 수가 다른 수의 배수가 되는 확률'을 구하려고 합니다.

지희의 풀이

전체 경우의 수는 $6\times6=36$(가지)입니다. 한 수가 다른 수의 배수가 되는 경우는 다음과 같습니다. 따라서 구하는 확률은 $\frac{14}{36}$입니다.

한 수	다른 수	경우의 수
1	1, 2, 3, 4, 5, 6	6
2	2, 4, 6	3
3	3, 6	2
4	**4**	**1**
5	5	1
6	6	1
합계		14

이 풀이에 대해 성훈이는 다음과 같이 이의를 제기했습니다.

지희: 한 수가 4일 때, 4의 배수는 4 뿐이지?

성훈: 아니지~! 한 수가 4이면, 배수 관계에 있는 수는 1, 2, 4로 세 가지 아닌가?

지희와 성훈 두 사람의 주장 중 누가 옳은지, 자신의 생각을 써보고 모둠에서 정리해 보자.

나의 생각	모둠의 의견

개념과 원리 탐구하기 5

하영이는 플리마켓에서 서로 다른 두 개의 주사위 A와 B를 이용한 게임부스를 만들었습니다.

1 다음을 함께 탐구해 보자.

(1) 서로 다른 두 개의 주사위 A와 B를 동시에 던질 때 나올 수 있는 경우를 표를 이용하여 모두 써보고 몇 가지가 가능한지 구해 보자.

(2) 서로 다른 두 개의 주사위 A와 B를 동시에 던질 때 나오는 두 눈의 수의 합이 4 또는 5일 경우를 (1)의 표에서 찾고 그 확률을 구해 보자.

(3) 서로 다른 두 개의 주사위 A와 B를 동시에 던질 때, 주사위 A는 홀수의 눈이 나오고 주사위 B는 5 이상의 눈이 나올 경우를 (1)의 표에서 찾고 그 확률을 구해 보자.

2 두 사건 A와 B가 동시에 일어나지 않을 때, 사건 A가 일어날 확률을 p라 하고 사건 B가 일어날 확률을 q라 하면, 사건 A 또는 사건 B가 일어날 확률은 다음과 같습니다.

(사건 A 또는 사건 B가 일어날 확률)$=p+q$

또한 두 사건 A와 B가 서로 영향을 끼치지 않을 때, 사건 A가 일어날 확률을 p라 하고 사건 B가 일어날 확률을 q라 하면, 사건 A와 사건 B가 동시에 일어날 확률은 다음과 같습니다.

(사건 A와 사건 B가 동시에 일어날 확률)$=p\times q$

1 의 (2)와 (3)을 위에서 정리한 확률의 성질을 이용하여 풀이 과정을 다시 정리해 보자.

(1) 1 (2) 서로 다른 두 개의 주사위 A와 B를 동시에 던질 때 나오는 두 눈의 수의 합이 4 또는 5일 확률

(2) 1 (3) 서로 다른 두 개의 주사위 A와 B를 동시에 던질 때, 주사위 A는 홀수의 눈이 나오고 주사위 B는 5 이상의 눈이 나올 확률

개념과 원리 탐구하기 6

지수와 민지, 하영이는 학교 축제의 플리마켓 운영을 효율적으로 하기 위해 각자가 담당할 역할을 정하려고 합니다. 판매, 진열, 계산 담당을 정하는 방법에 대해서 함께 탐구해 봅시다.

1 **다음 도구들을 이용하여 판매, 진열, 계산 담당을 정하려고 할 때 어떤 것을 선택해서 각자의 역할을 정하는 것이 좋을지 판단하고 지수, 민지, 하영이가 역할을 정하는 방법을 2가지 이상 써보자.**

ⓐ 동전	ⓑ 주사위	ⓒ 바둑돌
ⓓ 카드뽑기	ⓔ 회전판	ⓕ 제비뽑기

2 **1 에서 자신이 선택한 도구와 방법을 모둠에서 공유하고 여러 가지 방법을 정리해 보자. 그리고 친구들의 방법으로 역할을 정할 때 공정한지 판단하고 그 이유를 설명해 보자.**

탐구 되돌아보기

1 지수와 하영이는 다음과 같이 공정성 게임을 합니다. 빈칸을 채워 보자.

게임	지수가 이기는 상황	하영이가 이기는 상황	이 게임은 공정한가요?	공정하지 않다면 누가 더 유리한가요?
1개의 주사위를 던집니다.	짝수	홀수		
2개의 주사위를 던집니다.	두 주사위 눈의 수의 합이 7	두 주사위 눈의 수의 합이 6		
2개의 동전을 던집니다.	2개가 같은 면	2개가 다른 면		
4개의 동전을 던집니다.	앞면이 3개	앞면이 2개		
윷 4짝을 던집니다.	개	걸		
종이컵 1개를 던집니다.				

2 다음 대화에서 친구들의 의견에 대한 자신의 생각을 써보자.

수기: 하늘에 먹구름이 많네. 비가 올 것 같아.

기현: 비는 오거나 안 오거나 딱 두 가지 경우만 있어.
그래서 비가 올 확률은 50 %야.

수기: 오늘 일기예보에서 비가 올 확률이 75 %라고 했기 때문에
나는 75 %인 것 같아.

3 ‘한 개의 주사위를 던질 때 3의 눈이 나올 확률은 $\frac{1}{6}$ 입니다.’ 이 문장에 대하여 다음 친구들의 설명이 맞는지 판단하고 그 이유를 써보자.

4 경은이는 다음과 같은 길을 걷고 있습니다. 각 갈림길에서 양쪽 방향을 선택할 가능성은 같다고 할 때, 다음 두 친구의 대화에서 수일이가 한 말이 옳은지 판단하고 옳지 않으면 그 이유를 써보자.

수일: 경은이가 도착할 수 있는 지점은 A, B, C 세 곳이야.

여진: 그럼, 경은이가 B에 도착할 확률은 얼마지?

수일: 세 곳 중에서 한 곳에 도착하니까 $\frac{1}{3}$ 이지.

5 오른쪽 주사위는 세 숫자 1, 4, 5만 쓰여진 주사위입니다. 이 주사위를 던졌을 때 영희는 1의 눈이 나올 확률이 $\frac{1}{3}$이라고 하였습니다. 1의 눈이 나올 확률이 $\frac{1}{3}$이 되려면 어떤 조건이 추가로 더 필요할지 판단하고 그 이유를 써보자.

6 주머니에 빨간색, 흰색, 파란색 구슬이 들어 있습니다. 빨간색 구슬이 나올 확률은 $\frac{1}{3}$이고, 흰색 구슬이 나올 확률은 $\frac{1}{6}$입니다. 다음을 함께 탐구해 보자.

(1) 파란색 구슬이 나올 확률을 구해 보자.

(2) 주머니 안에는 최소한 몇 개의 구슬이 들어 있을지 생각해 보자.

(3) 만약 주머니 안에 48개의 구슬이 들어 있다고 한다면 빨간색 구슬의 개수를 구해 보자.

7 서로 다른 두 주사위 A, B를 던져 두 눈의 수의 합이 2, 3, 4, 5, 10, 11, 12가 나오면 지수가 이기고, 두 눈의 수의 합이 6, 7, 8, 9가 나오면 민지가 이긴다고 합니다. 다음 표에 두 눈의 수의 합을 모두 채우고, 지수와 민지 중 누구에게 더 유리한 게임인지 설명해 보자.

(1, 1) 합 2	(1, 2) ___	(1, 3) ___	(1, 4) ___	(1, 5) ___	(1, 6) ___
(2, 1) ___	(2, 2) ___	(2, 3) ___	(2, 4) ___	(2, 5) ___	(2, 6) ___
(3, 1) ___	(3, 2) ___	(3, 3) ___	(3, 4) ___	(3, 5) ___	(3, 6) ___
(4, 1) ___	(4, 2) ___	(4, 3) ___	(4, 4) ___	(4, 5) ___	(4, 6) ___
(5, 1) ___	(5, 2) ___	(5, 3) ___	(5, 4) ___	(5, 5) ___	(5, 6) ___
(6, 1) ___	(6, 2) ___	(6, 3) ___	(6, 4) ___	(6, 5) ___	(6, 6) ___

8 오른쪽 그림과 같은 정사각형 ABCD가 있습니다. 점 P가 점 A에서 출발하여 한 개의 주사위를 던져서 나오는 눈의 수만큼 시계방향으로 움직일 때, 다음을 함께 탐구해 보자.

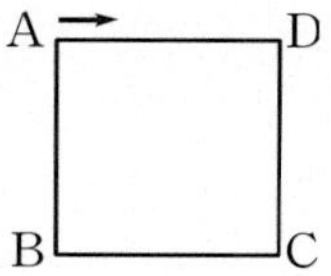

(1) 한 개의 주사위를 한 번 던진 후, 점 P가 점 C에 위치할 확률을 구해 보자.

(2) 한 개의 주사위를 연속하여 두 번 던진 후, 점 P가 점 D에 위치할 확률을 구해 보자.

9 주머니 속에 10개의 제비가 들어 있습니다. 이 중 당첨제비는 1개입니다. 지수와 민지 그리고 하영이는 이 순서대로 제비를 뽑으려고 합니다. 누가 제일 유리할까요? 만약 공정하다면 왜 그렇게 생각하는지 적어 보자. (단, 한 번 뽑은 제비는 다시 넣지 않습니다.)

내가 만드는 수학 이야기

10 다음 용어들을 포함하여 확률에 대한 이야기를 만들어 보자.

|용어|

사건, 경우의 수, 가능성, 확률

제 목

개념과 원리 연결하기

1 한 학생은 동전을 두 개 던질 때 모두 앞면이 나오는 확률을 $\frac{1}{3}$이라고 주장했습니다. 그 이유는 나올 수 있는 전체 경우의 수가 (모두 앞면), (모두 뒷면), (서로 다른 면) 이렇게 세 가지가 있기 때문이라고 했습니다. 이 의견에 대한 자신의 의견을 쓰고 그렇게 생각한 이유를 써보자.

나의 첫 생각

다른 친구들의 생각

정리하기

2 확률의 개념을 정리해 보자.

(1) 이 단원에서 알게 된 확률의 뜻과 성질에 대해 모두 정리해 봅시다.

(2) 확률과 연결된 개념을 복습해 보자. 그리고 제시된 개념과 확률 사이의 연결성을 찾아 모둠에서 함께 정리해 보자.

확률과 연결된 개념	확률과 관련 개념 사이의 연결성
• 가능성 • 비와 비율 • 상대도수	

수학 학습원리 완성하기

성훈이는 다음과 같은 방법으로 2 탐구하기 1 4 (3)에 있는 문제를 해결하기 위한 자기 사고 과정을 설명했습니다.

내가 선택한 문제

(3) 각 모둠에서 던진 결과를 모두 더하여 앞면과 뒷면의 상대도수를 구하고 상대도수와 확률은 서로 어떤 관계가 있는지 모둠에서 정리해 보자.

던진 횟수	
앞면이 나온 횟수	
뒷면이 나온 횟수	

• 앞면의 상대도수 :

• 뒷면의 상대도수 :

성훈의 깨달음

나는 동전을 던지는 시행을 하면서 던지는 횟수가 많을수록 앞면과 뒷면이 나올 확률이 비슷해지는 것을 알게 되었다. 이렇게 실제로 실험을 해보니 머리로만 생각한 확률이 정말 맞다는 것을 확인할 수 있어서 재미있었다. 이를 통해 어떤 일이 발생할 확률도 과거의 패턴을 연구하면 예측하는데 도움이 된다는 것을 깨달았다. 그런데 매번 이런 실험을 해볼 수 없을 경우도 어떤 사건의 가능성을 알아야 하기 때문에 확률의 정의를

$p=\frac{(\text{사건 }A\text{가 일어나는 경우의 수})}{(\text{일어나는 모든 경우의 수})}=\frac{a}{n}$로 만들었다는 생각이 들었다.

상대도수와 확률은 매우 친밀한 관계인 것 같다. 수학은 이전에 배웠던 내용이 이렇게 연결이 되는 것이 많은 것 같다.

수학 학습원리

학습원리 3. 수학적 추론을 통해 자신의 생각 설명하기

1 성훈이의 설명에서 여러분은 다른 학습원리를 발견할 수 있는지 찾아보자.

2 성훈이가 한 것처럼 여러분도 이 단원의 다른 문제를 선택하여 해결하는 사고 과정을 설명해 보고 사용한 수학 학습원리를 찾아보자.

내가 선택한 문제

나의 깨달음

수학 학습원리

수학 학습원리

1. 끈기 있는 태도와 자신감 기르기
2. 관찰하는 습관을 통해 규칙성 표현하기
3. 수학적 추론을 통해 자신의 생각 설명하기
4. 수학적 의사소통 능력 기르기
5. 여러 가지 수학 개념 연결하기

〈부록 1〉 삼각형의 외심 _ 탐구하기 1, 삼각형의 내심 _ 탐구하기 2

▶025쪽, 036쪽

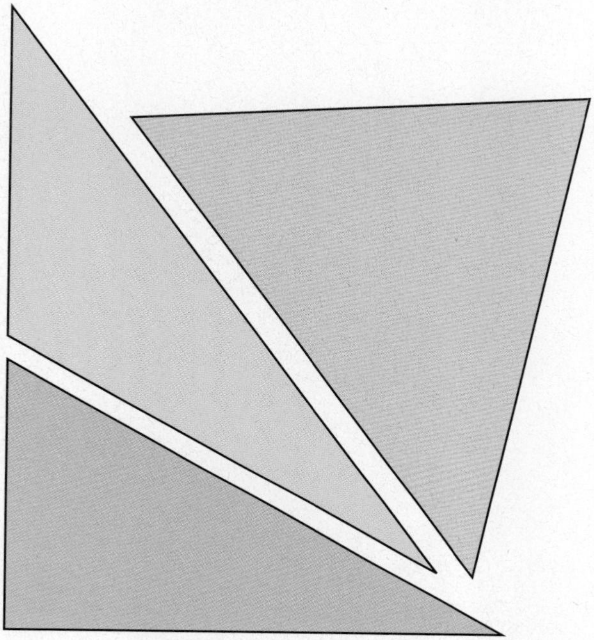

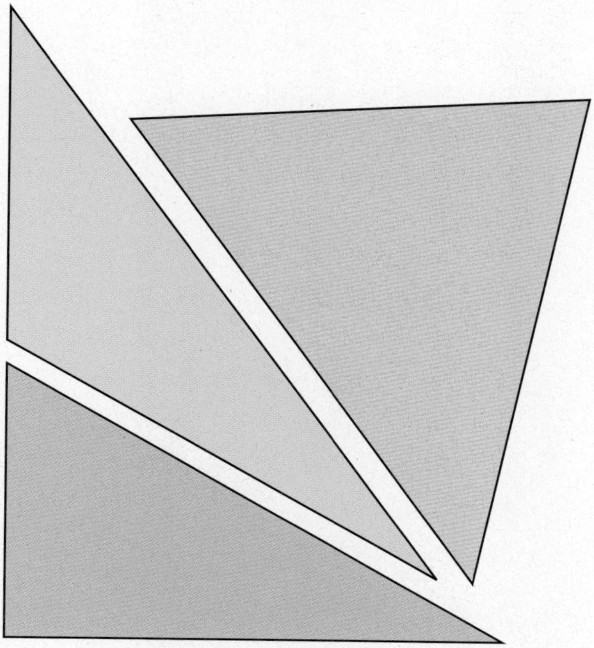

〈부록 2〉 삼각형과 사다리꼴 _ 탐구하기 8 ▶099쪽

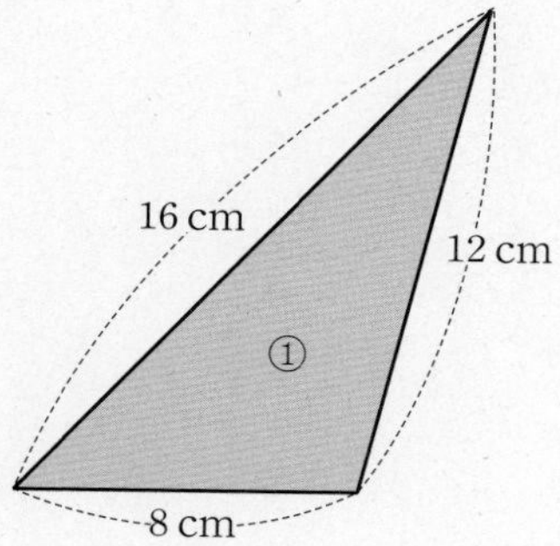

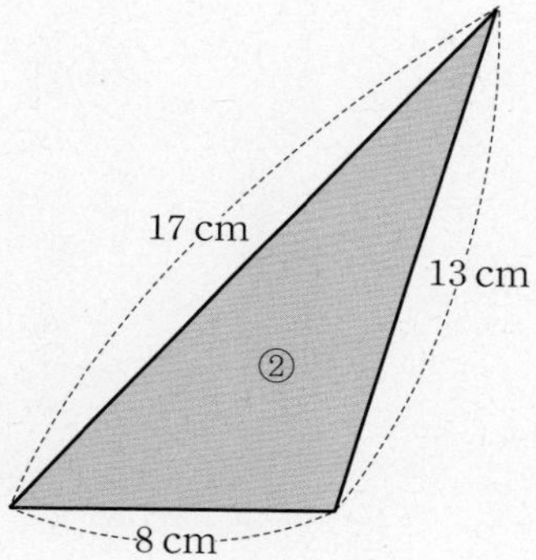

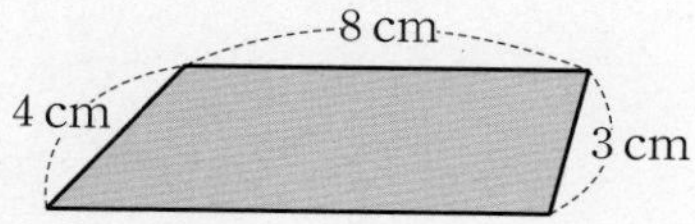

〈부록 3〉 직사각형, 마름모, 사다리꼴 _ 탐구하기 10 ▶101쪽

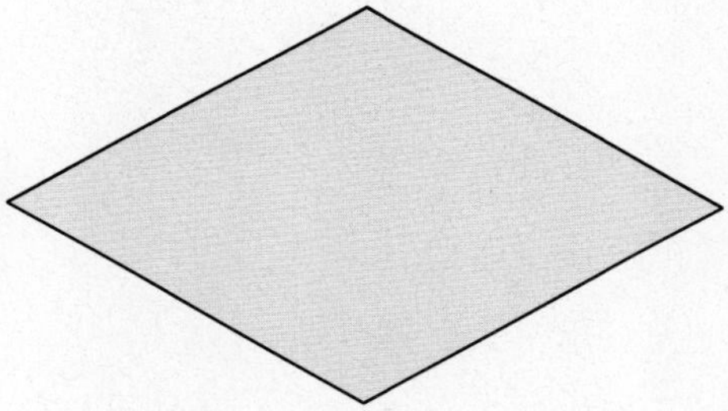

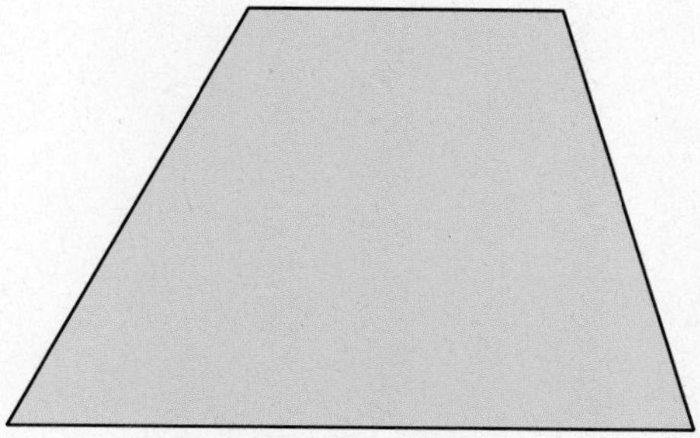

〈부록 4〉 퍼즐 조각 _ 탐구하기 1 ▶109쪽

❶

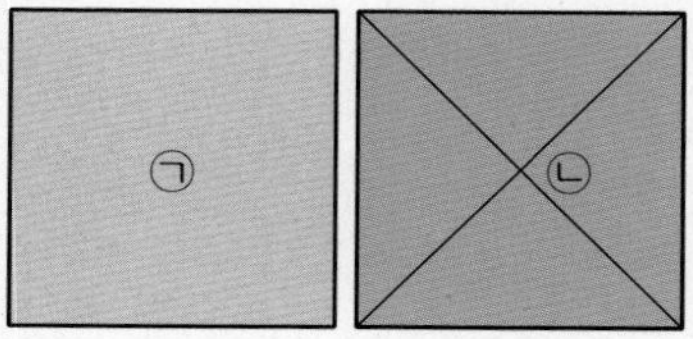

❷

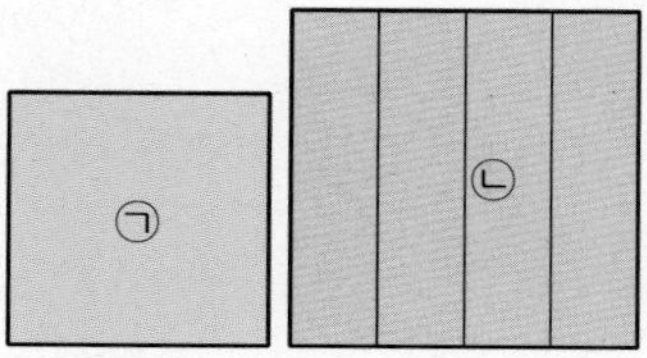

❸

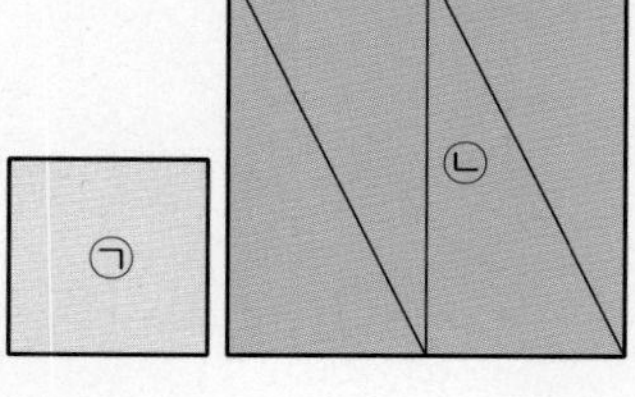

❹

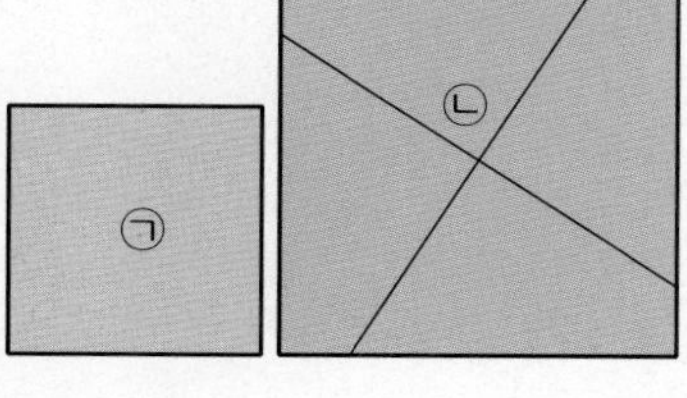

〈사진 자료 출처〉

게티 (상) 13쪽, 71쪽

셔터스톡 (하) 39쪽, 58쪽, 78쪽

〈참고 자료〉

- 고지마 히로유키, 《수학으로 생각한다》, 동아시아, 2008.
- 남경운·서동석·이경은, 《아이들이 몰입하는 수업디자인》, 맘에드림, 2014.
- 마거릿 스미스·메리 케이 스테인, 《효과적인 수학적 논의를 위해 교사가 알아야 할 5가지 관행》, 경문사, 2013.
- 서동석·남경운·박미경·서은지·이경은·전경아·조윤성, 《교사들이 함께 성장하는 수업》, 맘에드림, 2016.
- 유클리드·토마스 히드, 《기하학 원론 해설서》, 교우사, 1998.
- 최수일, 《지금 가르치는 게 수학 맞습니까?》, 비아북, 2017.
- Horola P. Fawcett, 《증명의 본질》, 경문사, 2006.
- Tomas P. Carpenter 등, 《수학적 사고하기》, 교육과학사, 2010.

발간 책임

사교육걱정없는세상 수학사교육포럼

집필 기획

최수일 (사교육걱정없는세상 수학사교육포럼)
이경은 (사교육걱정없는세상 수학사교육포럼)
고여진 (사교육걱정없는세상 수학사교육포럼)

집필자

고여진 (사교육걱정없는세상)
국중석 (충남 꿈의학교)
김도훈 (인천 인하대학교사범대학부속중학교)
김미영 (충남 대천중학교)
김성수 (경기 덕양중학교)
김수철 (대구 대구가톨릭대학교)
서미나 (대구 경서중학교)
송현숙 (인천 백석중학교)
안창호 (인천 진산과학고등학교)
오정 (강원 사북중학교)
유영의 (인천 선학중학교)
이경은 (서울 서울대학교사범대학부설중학교)
이경은 (서울 영림중학교)
이선영 (경기 경기북과학고등학교)
이선재 (경기 정왕중학교)
조균제 (충남 꿈의학교)
조미영 (인천 관교중학교)
조숙영 (서울 시흥중학교)
최수일 (사교육걱정없는세상)
황선희 (서울 혜원여자중학교)

실험학교 교사

강혜란 (서울 염경중학교)
김도훈 (인천 인하대학교사범대학부속중학교)
김성수 (경기 덕양중학교)
김재호 (경기 성문밖학교)
설경미 (서울 내곡중학교)
송현숙 (인천 백석중학교)
심희원 (강원 북원여자중학교)
유영의 (인천 선학중학교)
이경은 (서울 서울대학교사범대학부설중학교)
이정현 (경기 푸른숲발도르프학교)
이진선 (서울 양서중학교)
이진실 (경기 소명중고등학교)
정세령 (경기 샘물중고등학교)
정세연 (서울 월촌중학교)
정혜영 (서울 문성중학교)
최민기 (경기 소명중고등학교)

자문위원

강은주 (총신대학교 유아교육과 교수)
강주용 (마산사교육걱정없는세상 대표)
김운삼 (강동대학교 유아교육과 교수)
김주환 (안동대학교 국어교육과 교수)
남호영 (인헌고등학교 수학교사)
민경찬 (연세대학교 수학과 명예교수)
박재원 (아름다운배움 행복한공부연구소 소장)
송영준 (누원고등학교 수학교사)
윤태호 (서울 오디세이학교 교사)
이규봉 (배재대학교 전산수학과 교수)
임병욱 (가람중학교 과학교사)
조도연 (평택교육지원청 교육장)
한상근 (카이스트 수리과학과 교수)
황인각 (전남대학교 물리학과 교수)

펴낸 곳 ㈜창비교육 · 펴낸이 강일우 · 펴낸 날 2019년 1월 15일 초판 1쇄 / 2023년 2월 14일 초판 4쇄
편집 박선영 이혜선 이은영 정미란 · 일러스트 장명진 · 조판 보문미디어

주소 04004 서울특별시 마포구 월드컵로12길 7
구입 문의 전화 1833-7247 / 팩스 02-6949-0953
내용 문의 사교육걱정없는세상 수학사교육포럼 / 전화 02-797-4044

네이버에서 대안 수학 교과서 《수학의 발견》 카페를 검색해 보세요.

MEMO

구입 문의　㈜창비교육 / 전화 1833-7247 / 팩스 02-6949-0953
내용 문의　사교육걱정없는세상 수학사교육포럼 / 전화 02-797-4044

* 네이버에서 **대안 수학 교과서《수학의 발견》** 카페를 검색해 보세요.

수학의 발견
생각이 터지는 수학 교과서